초등수학
총정리
한권으로 끝내기

검토에 참여해주신 선생님들에게 감사드립니다

차지혜 / 그로잉위드
송태원 / 송태원1프로수학
이학송 / 뷰티풀마인드
조경희 / 그릿에듀
최영희 / 재미진최쌤수학
길지연 / 길쌤수학
황영미 / 오산일신
송수옥 / 수비쌤반석교실
이지현 / 수학강사
빙진영 / 송도마리나베이해법수학
김애희 / 퍼펙트수학
강전미 / 원테이블스터디수학
임지혜 / 위드수학교습소
김보라 / 보라쌤의통합연구소
배미나 / 이루다교육

김지현 / 달꿀맘 인스타인플루언서
차동희 / 수학전문공감
조인상 / 임기세수학
이권엄 / 목동와이즈만
주선미 / 주쌤수학
이선미 / 인천이수수학
권용식 / 광주와이엠수학
장연주 / 경산백산수학
신소영 / SL하이스펙
이인열 / 창원알티스
최균자 / 바로스카이
설성희 / 설쌤수학
노윤경 / 에듀플릭스상무
김지현 / 클래스유 수학전쌤

최수정 / 이루다수학
조햇봄 / 너의일등급수학
유홍석 / 그릿에듀
김미정 / 일등수학
박영훈 / 훈학습코칭
박영진 / 대구매쓰온수학
윤근영 / speedmath
장정화 / 짱이지수학
임혜정 / 새빛수학
최민영 / 프로매쓰수학
우수정 / 수학강사
권혜령 / 싱크쌤생각연구소
이용민 / 광주한솔수학
서승희 / 딥브레인수학

1판 1쇄 2024년 3월 18일

지은이 고희권·구수영
펴낸이 유인생
마케팅 박성하·심혜영
디자인 NAMIJIN DESIGN
편집·조판 진기획
펴낸곳 (주) 쏠티북스
주소 (04037) 서울시 마포구 양화로 7길 20 (서교동, 남경빌딩 2층)
대표전화 070-8615-7800
팩스 02-322-7732
이메일 saltybooks@naver.com
출판등록 제313-2009-140호

ISBN 979-11-92967-14-1

파본은 교환해 드립니다.
이 책에 실린 모든 내용에 대한 권리는 (주)쏠티북스에 있으므로 무단으로 전재하거나
복제, 배포할 수 없습니다.

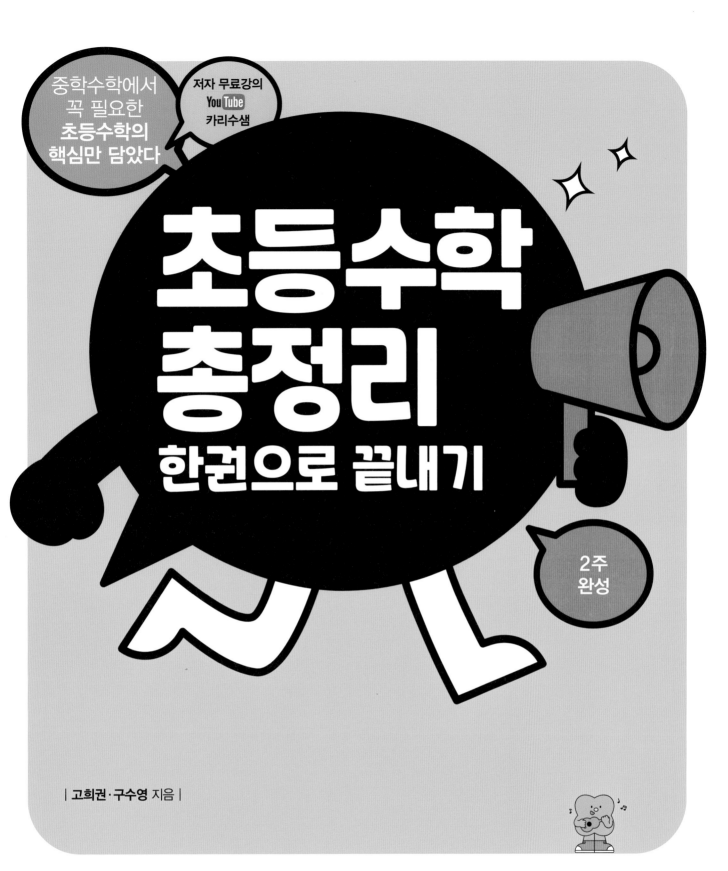

중학수학에서 꼭 필요한 초등수학의 핵심만 담았다

저자 무료강의 YouTube 카리수샘

초등수학 총정리
한권으로 끝내기

2주 완성

| 고희권·구수영 지음 |

쏠티북스

이 책의 차례

• 중학수학에 꼭 필요한 내용만 담았습니다.

• 해설이 아주 자세합니다. 문제를 푼 다음 꼭 읽어 정확히 이해하세요.

이 책의 구성과 활용

DAY 01 자연수의 혼합 계산

① 덧셈과 뺄셈이 섞여 있는 식의 계산
➡ 덧셈과 뺄셈이 섞여 있는 식은 앞에서부터 차례로 계산합니다.
$20-5+8=15+8=23$ (○) $20-5+8=20-13=7$ (×)
➡ ( )가 있는 식에서는 ( )안을 먼저 계산합니다.
$20-(5+8)=20-13=7$ (○)

$20-5+8$ $20-5+8$
15   13
23   7
(○)   (×)

② 곱셈과 나눗셈이 섞여 있는 식의 계산
➡ 곱셈과 나눗셈이 섞여 있는 식은 앞에서부터 차례로 계산합니다.
$18÷3×2=6×2=12$ (○) $18÷3×2=18÷6=3$ (×)
➡ ( )가 있는 식에서는 ( )안을 먼저 계산합니다.
$18÷(3×2)=18÷6=3$ (○)

$18÷3×2$ $18÷3×2$
6   6
12   3

개념이해하기

||| 계산하시오.
001 $5+4-3$
002 $7-3+5$
003 $5+7-3+4$
004 $7-(3+2)=$
005 $7+(5-4)=$
006 $8-2+(9-7)$
007
008
009

문제수준높이기

||| 계산하시오.
001 $7-2+4=$
002 $8+2-6=$
003 $10-3+4-2=$
004 $9+(5-2)=$
005 $8-(2+3)=$
006 $4+6-(2+3)=$
007
008
009

응용문제도전하기

||| □ 안에 알맞은 수를 구하시오.
001 □−8÷4=7
002 5+□×2−3=8
003 5×2−28÷□=6
004 81÷(3×□)=9
005 30÷(□÷2)×3=51
006 15−(12÷□+5)=6

||| 계산하시오.
007
008
009

중학교 과정 | 소괄호, 중괄호, 대괄호가 있는 경우

[0단계] 필수개념 요약정리

초등학교 교과서를 모두 비교 분석하여 필수개념을 일목요연하게 정리해 놓았습니다. 중요한 수학개념이므로 여러 반복하여 읽고 이해해야 합니다. 또한 곳곳에 풍부한 '첨삭'을 덧붙여 좀 더 쉽고 빠르게 이해할 수 있도록 하였습니다.

[1단계] 개념이해하기

필수개념을 정확히 이해했는지 확인하는 단계입니다. 문제를 풀면서 수학개념을 정확히 이해할 수 있도록 비교적 난이도가 낮은 기본 절대 문항을 엄선하고 또 엄선하여 실었습니다. 만약 문제가 잘 풀리지 않는다면 필수개념 요약정리를 꼼꼼히 다시 읽고 풀어 보세요.

[2단계] 문제수준높이기

1단계 개념이해하기 문제로 기본 개념을 정확히 이해했다면 좀 더 난이도가 높은 문제로 기본적인 개념을 다시 한번 확인해야 합니다. 개념 이해의 수준을 한 단계 더 높일 수 있도록 더 난이도가 높은 문제로 반복적인 연산 훈련을 해야 합니다.

[3단계] 응용문제도전하기

1단계 개념이해하기와 2단계 문제수준높이기 문제로 기본 개념을 잘 이해했다면 응용 문제와 문장제 문제를 풀어 사고력을 확장시킬 수 있도록 하였습니다.

[중학교 과정] 함께 공부하기

초등수학에서 곧바로 연결되는 중학수학 내용을 실었습니다. 초등수학에서 살짝만 더 들어가면 곧바로 중학수학이므로 연결해서 함께 공부하면 효과적입니다.

초등수학은 중등수학의 기본입니다

안녕하세요, 수학강사 카리수샘입니다.

중등수학의 가장 대표적인 특징은 문자의 사용이라고 할 수 있습니다. 이것은 많은 장점도 가지고 있습니다. 초등수학에서의 복잡한 연산을 단순화시키기도 하니까요. 그 대표적인 예가 바로 π(파이)의 사용이라고 말할 수 있습니다.

하지만 그 원리 속에는 많은 의미가 포함되어 있기도 합니다.

이제는 구체적으로 눈에 보이는 3.14라는 값을 사용하는 것이 아니기에 그 의미를 잘 알지 못한 채 사용할 수도 있습니다. 상징화된 표현이 우리 친구들에게는 어렵게 느껴질 수 있다는 것이지요.

초등수학과 함께 중등수학은 우리가 살아가면서 필요한 실용적인 수학을 가장 많이 배우고 익히는 시기입니다. 우리 친구들의 초등학교 시절은 그 수학을 생활과 연결해서 다양한 표현의 문제들을 푸는 연습을 했을 거예요. 그리고 사칙연산을 중심으로 문제를 푸는 연습을 해왔을 것입니다.

그런데 중등수학부터는 과학이나 경제와 같은 분야에 더 적극적으로 연결시키기 시작하고 수학의 여러 공식들도 본격적으로 많이 배우게 됩니다.

그 학습의 기본이 되는 것이 바로 초등수학입니다. 미국의 교육심리학자인 로버트 밀스 가네의 '학습의 조건'이라는 수업이론을 보면, 새로운 것을 학습하기 전에 이전의 학습이 잘 정리되어야 한다고 강조하고 있습니다.

여기에서 우리는 문자로 표현되는 수많은 식들을 잘 이해하고 정리하려면 초등수학이 잘 정리되어야 합니다. 우리 생활 속의 수학들을 이제는 문자로 표현하고, 과학으로 경제로 더 확장해서 생각하는 사고의 시작점이 바로 초등수학입니다.

우리 친구들~!^^

긴 시간이 필요하지 않습니다.

2주 동안에 초등수학을 잘 정리할 수 있도록 준비했어요.

이 책으로 초등수학을 빠르게 잘 정리하여 중요한 수학 과목의 기초를 잘 다질 수 있길 바랍니다.

수학의 퀀텀점프의 기회가 되는 알토란 같은 시간을 만날 수 있기를 진심으로 바랍니다.

 저자 카리수샘 구수영

중학수학에서 꼭 필요한
초등수학의 핵심만 담았습니다

저자 무료강의
You Tube
카리수샘

강의 바로가기

DAY 01 자연수의 혼합 계산

❶ 덧셈과 뺄셈이 섞여 있는 식의 계산

➡ 덧셈과 뺄셈이 섞여 있는 식은 앞에서부터 차례로 계산합니다.

$20-5+8=15+8=23$ (○) $20-5+8=20-13=7$ (×)

➡ (   )가 있는 식에서는 (   ) 안을 먼저 계산합니다.

$20-(5+8)=20-13=7$ (○)

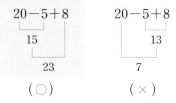

❷ 곱셈과 나눗셈이 섞여 있는 식의 계산

➡ 곱셈과 나눗셈이 섞여 있는 식은 앞에서부터 차례로 계산합니다.

$18÷3×2=6×2=12$ (○) $18÷3×2=18÷6=3$ (×)

➡ (   )가 있는 식에서는 (   ) 안을 먼저 계산합니다.

$18÷(3×2)=18÷6=3$ (○)

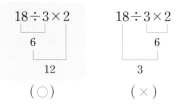

❸ 덧셈, 뺄셈, 곱셈, 나눗셈이 섞여 있는 식의 계산

➡ 덧셈, 뺄셈, 곱셈, 나눗셈이 섞여 있는 식은 곱셈과 나눗셈을 먼저 계산한 다음 앞에서부터 차례로 계산합니다.

$25-4×2+3=25-8+3=17+3=20$ (곱셈 먼저 → 앞에서부터 차례로)

$8+16÷4-3=8+4-3=12-3=9$ (나눗셈 먼저 → 앞에서부터 차례로)

➡ (   )가 있는 식에서는 (   ) 안을 먼저 계산합니다.

$25-4×(2+3)=25-4×5=25-20=5$ (괄호 먼저 → 곱셈)

$(8+16)÷4-3=24÷4-3=6-3=3$ (괄호 먼저 → 나눗셈)

❹ 덧셈, 뺄셈, 곱셈, 나눗셈이 섞여 있는 식의 계산 순서

괄호	➡	곱셈 나눗셈	➡	덧셈 뺄셈

계산 순서가 바뀌면 틀린 답이 나오니 주의하세요.

$(22+23)÷5-4×2=45÷5-4×2=9-8=1$ (괄호 먼저 → 나눗셈, 곱셈 → 뺄셈)

$29-3×(15-9)÷2+8=29-3×6÷2+8$ (괄호 먼저 → 곱셈)

괄호 먼저

$\qquad\qquad\qquad\quad =29-18÷2+8$ (나눗셈 먼저)

$\qquad\qquad\qquad\quad =29-9+8$ (앞에서부터)

$\qquad\qquad\qquad\quad =20+8=28$

중학교 과정 | 소괄호, 중괄호, 대괄호가 있는 경우

(1) [{(   )}]꼴일 때 소괄호(   ) → 중괄호{   } → 대괄호[   ] 순서, 즉 안쪽에 있는 괄호부터 계산합니다.

(2) 괄호를 먼저 계산한 다음, 곱셈과 나눗셈 → 덧셈과 뺄셈 순서로 계산합니다.

$\{3×(10÷2)\}-7=\{3×5\}-7=15-7=8$

$(20÷2)+[3×\{7-(2×3)\}]-5=10+[3×\{7-6\}]-5$

괄호 먼저   소괄호 먼저 $=10+[3×1]-5$

$\qquad\qquad\qquad\qquad\qquad\qquad =10+3-5$

$\qquad\qquad\qquad\qquad\qquad\qquad =13-5=8$

||||| 계산하시오.

001 _____
$$5+4-3=$$

002 _____
$$7-3+5=$$

003 _____
$$5+7-3+4=$$

004 _____
$$7-(3+2)=$$

005 _____
$$7+(5-4)=$$

006 _____
$$8-2+(9-7)=$$

007 _____
$$10\times6\div3=$$

008 _____
$$9\div3\times2=$$

009 _____
$$4\times5\div2\times3=$$

010 _____
$$12\div(3\times2)=$$

011 _____
$$2\times(10\div5)=$$

012 _____
$$12\div(6\div3)\times2=$$

013 _____
$$1+2+3\times4=$$

014 _____
$$16-8-4\div2=$$

015 _____
$$2\times4+6\div3-1=$$

016 _____
$$72\div8-5+7=$$

017 _____
$$3\times5-4\times3=$$

018 _____
$$15-16\div4+3\times2=$$

019 _____
$$3\times(9-4)+6=$$

020 _____
$$(12\div6)\times2-3=$$

021 _____
$$10-(5\times2+2)\div4=$$

022 _____
$$20-(7+8)\div3\times2=$$

023 _____
$$5+8\times(6-3)\div4=$$

024 _____
$$8+(25-13)\div4-2\times4=$$

025 $81\div3-5\times4+3=$ _____

026 $64\div(7-3)\times4+5=$ _____

027 $11-2\times(18+3)\div7+4=$ _____

|||| 계산하시오.

001 _____
$$7-2+4=$$

002 _____
$$8+2-6=$$

003 _____
$$10-3+4-2=$$

004 _____
$$9+(5-2)=$$

005 _____
$$8-(2+3)=$$

006 _____
$$4+6-(2+3)=$$

007 _____
$$10×6÷3=$$

008 _____
$$9÷3×2=$$

009 _____
$$4×5÷2×3=$$

010 _____
$$12÷(3×2)=$$

011 _____
$$2×(10÷5)=$$

012 _____
$$12÷(6÷3)×2=$$

013 _____
$$10-2-1×3=$$

014 _____
$$2+3×4-5=$$

015 _____
$$27÷3-2×3+5=$$

016 _____
$$7×3+4-10=$$

017 _____
$$15÷5+12÷4=$$

018 _____
$$3+2×5-14÷7=$$

019 _____
$$27÷(6+3)-2=$$

020 _____
$$(7×6)÷3+5=$$

021 _____
$$8+(10÷5-1)×3=$$

022 _____
$$4+(12-8)×3÷2=$$

023 _____
$$17-10÷(8-3)×6=$$

024 _____
$$23-(6+5)×2+8÷4=$$

025 $11×2+6÷2-4=$ _____

026 $5+6×(8-5)÷2=$ _____

027 $10+14÷(11-4)×2-7=$ _____

||||| ☐ 안에 알맞은 수를 구하시오.

001 _____

$$\square-8\div4=7$$

002 _____

$$5+\square\times2-3=8$$

003 _____

$$5\times2-28\div\square=6$$

004 _____

$$81\div(3\times\square)=9$$

005 _____

$$30+(\square\div2)\times3=51$$

006 _____

$$15-(12\div\square+5)=6$$

||||| 계산하시오.

007 _____

$$10-\{4-(5-3)\}=$$

008 _____

$$\{9-(5+3)\}\times2=$$

009 _____

$$3\times\{4-(6\div2)\}=$$

010 _____

$$27\div\{(10+8)\div2\}=$$

011 _____

$$45\div\{8-(1+2)\}+7=$$

012 _____

$$36-\{18\div(6+3)\}\times2=$$

||||| $(4\div4+4)\times4=20$과 같이 4개의 4와 $+,-,\times,\div,$ 괄호 ( )를 이용하여 등호의 오른쪽 수를 만드시오.

(단, 한 기호를 여러 번 사용해도 됩니다.)

013 4 4 4 4 = 1

014 4 4 4 4 = 2

015 4 4 4 4 = 3

016 4 4 4 4 = 4

017 4 4 4 4 = 5

018 4 4 4 4 = 6

019 4 4 4 4 = 7

||||| 물음에 답하시오.

020 철수는 13살이고, 누나는 철수보다 2살 더 많습니다. 아버지의 나이는 누나 나이의 4배보다 5살 더 적습니다. 아버지의 나이는 몇 살입니까? _____

021 파란색 색종이가 27장, 노란색 색종이가 47장 있습니다. 학생 9명이 6장씩 사용했다면 남은 색종이는 모두 몇 장입니까? _____

DAY 02 약수와 배수

1 약수

➡ 어떤 수를 나누어떨어지게 하는 수를 그 수의 약수라고 합니다.
　나누었을 때 나머지가 0이 되게 하는 수　　　　1은 모든 자연수의 약수입니다.

　$6÷1=6$, $6÷2=3$, $6÷3=2$, $6÷6=1$이므로 1, 2, 3, 6은 6의 약수입니다.

　$6÷4=1 ⋯ 2$, $6÷5=1 ⋯ 1$이므로 4, 5는 6의 약수가 아닙니다.

➡ $1×30=30$, $2×15=30$
　$3×10=30$, $5×6=30$ ⎬ 30의 약수는 1, 2, 3, 5, 6, 10, 15, 30입니다.

　　$30÷5=6$, $30÷6=5$

> $6÷4=1⋯2$
>
> 6을 4로 나누면 몫이 1,
> 나머지가 2입니다.
> 이때 나머지가 0이 아니므로
> 4는 6의 약수가 아닙니다.

2 약수의 성질

➡ 모든 수는 1과 자기 자신을 약수로 가집니다.
　$○÷1=○$, $○÷○=1$ → 1은 ○의 약수, ○은 ○의 약수입니다.
　　　　　자기 자신
　$10÷1=10$, $10÷10=1$ → 1은 10의 약수, 10은 10의 약수입니다.

> 약수 중에서 가장 작은 수는 1이고 가장 큰 수는 자기 자신입니다.

➡ 수가 크다고 약수가 항상 더 많은 것은 아닙니다.
　6의 약수는 1, 2, 3, 6으로 4개이고 9의 약수는 1, 3, 9로 3개입니다.

3 배수

➡ 어떤 수를 1배, 2배, 3배, ⋯한 수를 그 수의 배수라고 합니다.

> 2의 배수 2, 4, 6, 8, ⋯은 짝수입니다.

　$5×1=5$
　$5×2=10$ ⎬ 5의 배수는 5, 10, 15, ⋯입니다.
　$5×3=15$
　　⋮

> 어떤 수의 배수 중에서 가장 작은 수는 자기 자신입니다.

4 배수의 성질

➡ 모든 수는 자기 자신을 배수로 가집니다.
　$○×1=○$ → ○은 ○의 배수입니다.
　　　　자기 자신
　$10×1=10$ → 10은 10의 배수입니다.

5 약수와 배수의 관계

6은 1, 2, 3, 6의 배수

배수 $\begin{matrix} 6=1×6 \\ 6=2×3 \end{matrix}$ 약수

1, 2, 3, 6은 6의 약수

> 곱의 결과는 배수!
> 곱하는 수는 약수!

6은 1, 2, 3, 6의 배수

배수 $\begin{matrix} 6÷1=6 \\ 6÷2=3 \end{matrix}$ 약수

1, 2, 3, 6은 6의 약수

> 나누어지는 수는 배수!
> 나누는 수와 그 몫은 약수!

 중학교 과정 | 소수와 합성수

(1) 소수 : 1을 제외한 자연수 중에서 약수가 1과 자기 자신뿐인 수　→ 약수가 2개인 수
　　예 2, 3, 5, 7, 11, 13, 17, 19, 23, 29, 31, ⋯

(2) 합성수 : 1과 자기 자신 외에도 다른 수를 약수로 가지는 자연수　→ 약수가 3개 이상인 수
　　예 4, 6, 8, 9, 10, ⋯
　　　4의 약수는 1, 2, 4로 3개, 6의 약수는 1, 2, 3, 6으로 4개입니다.

(3) 1은 소수도 아니고 합성수도 아닙니다.　　　　　　　　　→ 약수가 1개인 수

> 자연수
> 1, 소수, 합성수

개념이해하기

||||| ☐ 안에 알맞은 수를 써넣고, 약수와 배수를 모두 구하시오.

001 4÷☐=☐, 4÷☐=☐, 4÷☐=☐   4의 약수 : _____

002 15÷☐=☐, 15÷☐=☐, 15÷☐=☐, 15÷☐=☐   15의 약수 : _____

003 ☐×☐=9, ☐×☐=9   9의 약수 : _____

004 ☐×☐=20, ☐×☐=20, ☐×☐=20   20의 약수 : _____

005 3×☐=☐, 3×☐=☐, 3×☐=☐, …   3의 배수 : _____

006 8×☐=☐, 8×☐=☐, 8×☐=☐, …   8의 배수 : _____

007 20×☐=☐, 20×☐=☐, 20×☐=☐, …   20의 배수 : _____

||||| 약수를 모두 구하시오.

008 6=2×3   6의 약수 : _____

009 12=2×2×3   12의 약수 : _____

010 18=2×3×3   18의 약수 : _____

||||| 옳으면 ○표, 틀리면 ×표 하시오.

011 6의 약수는 모두 3의 약수입니다.   _____

012 4의 약수는 모두 8의 약수입니다.   _____

013 2의 배수는 모두 4의 배수입니다.   _____

014 9의 배수는 모두 3의 배수입니다.   _____

||||| 물음에 답하시오.

015 자연수 중에서 모든 수의 약수가 되는 수는 무엇입니까?   _____

016 48을 나누어떨어지게 하는 수를 모두 구하시오.   _____

017 100을 어떤 수로 나누면 나머지가 4입니다. 어떤 수는 무엇입니까?   _____

018 50의 약수 중에서 10보다 크고 30보다 작은 수는 무엇입니까?   _____

019 12의 배수 중에서 가장 큰 두 자리의 수는 무엇입니까?   _____

020 2부터 50까지의 자연수 중에서 약수가 2개인 것을 모두 구하시오.   _____

021 2부터 50까지의 자연수 중에서 약수가 3개인 것을 모두 구하시오.   _____

DAY 03 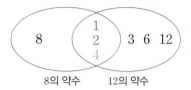 **공약수와 최대공약수**

1 공약수와 최대공약수

➡ 두 수의 공통된 약수를 공약수라고 합니다.

8의 약수 : 1, 2, 4, 8

12의 약수 : 1, 2, 3, 4, 6, 12

가장 큰 수입니다.

$$\left. \begin{array}{c} 8 \quad \boxed{\begin{array}{c}1\\2\\4\end{array}} \quad 3 \; 6 \; 12 \end{array} \right\}$$ 8과 12의 공약수는 1, 2, 4입니다.

8의 약수   12의 약수

■의 약수도 되고 ●의 약수도 되는 수 중에서 가장 큰 수가 ■과 ●의 최대공약수입니다.

➡ 공약수 중에서 가장 큰(=최대) 수를 최대공약수라고 합니다.

공약수 중에서 가장 큰 수가 최대공약수이므로 8과 12의 최대공약수는 4입니다.

2 공약수와 최대공약수의 성질

➡ 두 수를 공약수로 나누면 두 수는 모두 나누어떨어집니다.

8과 12를 공약수(1, 2, 4)로 나누면 두 수는 8, 12 모두 나누어떨어집니다.

➡ 공약수는 최대공약수의 약수들입니다.

8과 12의 공약수 1, 2, 4는 8과 12의 최대공약수 4의 약수들입니다.

3 최대공약수 구하는 방법

$8 = \boxed{2} \times \boxed{2} \times 2$

$12 = \boxed{2} \times \boxed{2} \times 3$

$\boxed{2} \times \boxed{2} = 4$

8과 12의 최대공약수

➡ 공통으로 들어있는 곱셈식이 2 × 2이므로 8과 12의 최대공약수는 4입니다.

$$\begin{array}{r})12 \quad 18 \end{array}$$

⬇

12와 18의 공약수 → $\begin{array}{r} 2\,)12 \quad 18 \\ \hline 6 \quad 9 \end{array}$　두 수를 공약수로 나눌 때 공약수 1은 제외합니다. 공약수 1로 나누면 처음 두 수 가 그대로 나오기 때문입니다.

⬇

6와 9의 공약수 → $\begin{array}{r} 2\,)12 \quad 18 \\ 3\,)\,6 \quad \;9 \\ \hline 2 \quad \;3 \end{array}$　$\begin{array}{r} 3\,)12 \quad 18 \\ 2\,)\,4 \quad \;6 \\ \hline 2 \quad \;3 \end{array}$　$\begin{array}{r} 6\,)12 \quad 18 \\ \hline 2 \quad \;3 \end{array}$

⬇

$\begin{array}{r} 2\,)12 \quad 18 \\ 3\,)\,6 \quad \;9 \\ \hline 2 \quad \;3 \end{array}$ → 1 이외의 공약수가 없습니다.

$2 \times 3 = 6$ ➡ 12와 18의 최대공약수

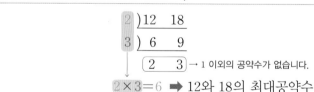 **중학교 과정 | 서로소**

(1) 최대공약수가 1인 두 자연수를 서로소라고 합니다.

　예 2의 약수는 1, 2이고 9의 약수는 1, 3, 9이므로 2와 9의 최대공약수는 1입니다. 따라서 2와 9는 서로소입니다.

(2) 분모와 분자가 서로소인 분수를 기약분수라고 합니다. 이 기약분수는 분모와 분자가 더 이상 나누어지지 않습니다.

　예 $\dfrac{2}{3}$는 분모 3과 분자 2가 서로소이므로 기약분수입니다.

　그러나 $\dfrac{4}{10}$는 분모와 분자가 2로 나누어지므로 기약분수가 아닙니다. 이 분수를 기약분수로 고치면 $\dfrac{\overset{2}{\cancel{4}}}{\underset{5}{\cancel{10}}} = \dfrac{2}{5}$입니다.

개념이해하기

|||| □ 안에 알맞은 수를 써넣고, 공약수와 최대공약수를 구하시오.

001

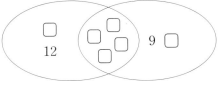

12의 약수   18의 약수

➡ 12와 18의 공약수   : _____

➡ 12와 18의 최대공약수 : _____

002

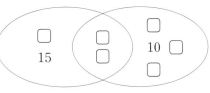

15의 약수   20의 약수

➡ 15와 20의 공약수   : _____

➡ 15와 20의 최대공약수 : _____

|||| 공약수와 최대공약수를 구하시오.

003

$4=1\times4,\ 4=2\times2$
$6=1\times6,\ 6=2\times3$

➡ 4와 6의 공약수   : _____

➡ 4와 6의 최대공약수 : _____

005 4와 12의 최대공약수 : _____

$4=2\times2,\ 12=2\times2\times3$

004

$12=1\times12=2\times6=3\times4$
$30=1\times30=2\times15=3\times10=5\times6$

➡ 12와 30의 공약수   : _____

➡ 12와 30의 최대공약수 : _____

006 20와 30의 최대공약수 : _____

$20=2\times2\times5,\ 30=2\times3\times5$

|||| □ 안에 알맞은 수를 써놓고, 공약수를 구하시오.

007 _____

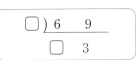

```
□ ) 6    9
    □    3
```

008 _____

```
□ ) 9    15
    3    □
```

|||| 최대공약수를 구하시오.

009 _____

) 6   21

010 _____

) 18   27

011 _____

) 12   30

012 _____

) 16   24

013 _____

) 24   30

014 _____

) 36   90

||||| **공약수와 최대공약수를 구하시오.**

001

$15 = 1 \times 15, \ 15 = 3 \times 5$
$20 = 1 \times 20, \ 20 = 2 \times 10, \ 20 = 4 \times 5$

➡ 15와 20의 공약수 : _____

➡ 15와 20의 최대공약수 : _____

002

$12 = 1 \times 12 = 2 \times 6 = 3 \times 4$
$16 = 1 \times 16 = 2 \times 8 = 4 \times 4$

➡ 12와 16의 공약수 : _____

➡ 12와 16의 최대공약수 : _____

003

$6 = 2 \times 3, \ 8 = 2 \times 2 \times 2$

➡ 6과 8의 공약수 : _____

➡ 6과 8의 최대공약수 : _____

004

$30 = 2 \times 3 \times 5, \ 42 = 2 \times 3 \times 7$

➡ 30과 42의 공약수 : _____

➡ 30과 42의 최대공약수 : _____

||||| **☐ 안에 알맞은 수를 써넣고, 최대공약수를 구하시오.**

005 _____

$$\begin{array}{r} \boxed{} \ )\underline{\ 6 \quad 15\ } \\ 2 \quad \boxed{} \end{array}$$

006 _____

$$\begin{array}{r} \boxed{} \ )\underline{\ 14 \quad 21\ } \\ \boxed{} \quad 3 \end{array}$$

007 _____

$$\begin{array}{r} \boxed{} \ )\underline{\ 24 \quad 42\ } \\ \boxed{} \ )\underline{\boxed{} \quad 21\ } \\ 4 \quad \boxed{} \end{array}$$

008 _____

$$\begin{array}{r} \boxed{} \ )\underline{\ 27 \quad 36\ } \\ \boxed{} \ )\underline{\ 9 \quad \boxed{}\ } \\ \boxed{} \quad 4 \end{array}$$

||||| **최대공약수를 구하시오.**

009 _____

$$)\underline{\ 10 \quad 25\ }$$

010 _____

$$)\underline{\ 18 \quad 24\ }$$

011 _____

$$)\underline{\ 32 \quad 40\ }$$

012 _____

$$)\underline{\ 48 \quad 72\ }$$

||||| ☐ 안에 알맞은 수를 써넣고, 최대공약수를 구하시오.

001

☐) 27 45
☐) ☐ ☐
    ☐ ☐

002

☐) 30 48
☐) ☐ ☐
    ☐ ☐

003

☐) 36 84
☐) ☐ ☐
☐) ☐ ☐
    ☐ ☐

004

☐) 48 120
☐) ☐ ☐
☐) ☐ ☐
☐) ☐ ☐
    ☐ ☐

||||| **물음에 답하시오.**

005 어떤 두 수의 최대공약수가 16일 때, 두 수의 공약수를 모두 구하시오. _____

006 27과 어떤 수의 최대공약수가 9일 때, 27과 어떤 수의 공약수는 모두 몇 개입니까? _____

007 32와 24를 어떤 수로 나누면 모두 나누어떨어집니다. 어떤 수가 될 수 있는 자연수 중에서 가장 큰 수는 무엇입니까? _____

008 어떤 수로 29를 나누면 나머지가 5이고 34를 나누면 나머지가 4입니다. 어떤 수는 무엇입니까?

_____

009 철수는 연필 6개를 친구들에게 남김없이 똑같이 나누어 주려고 합니다. 나누어 줄 수 있는 사람 수를 모두 구하시오. (단, 1명에게 나누어 주는 경우는 제외합니다.) _____

010 연필 24자루와 지우개 42개를 될 수 있는 대로 많은 사람들에게 남김없이 똑같이 나누어 주려고 합니다. 최대 몇 명에게 나누어 줄 수 있습니까? _____

011 가로의 길이가 30 cm, 세로의 길이가 42 cm인 직사각형 모양의 종이를 가장 큰 정사각형 모양 여러 개로 남김없이 자르려고 합니다. 정사각형의 한 변의 길이를 몇 cm로 해야 할까요? _____

DAY 04 공배수와 최소공배수

1 공배수와 최소공배수

➡ 두 수의 공통된 배수를 공배수라고 합니다.

2의 배수 : 2, 4, 6, 8, 10, 12, 14, 16, 18, …

3의 배수 : 3, 6, 9, 12, 15, 18, 21, …

```
  ( 2  4       6       3  9  )   가장 작은 수입니다.
  ( 8 10 14  12 18    15 21 )  } 2와 3의 공배수는 6, 12, 18, …입니다.
  ( 16 …      …       …     )
    2의 배수       3의 배수
```

■의 배수도 되고 ●의 배수도 되는 수 중에서 가장 작은 수가 ■과 ●의 최소공배수입니다.

➡ 공배수 중에서 <u>가장 작은</u>(＝최소) 수를 최소공배수라고 합니다.

공배수 중에서 가장 작은 수가 최소공배수이므로 2와 3의 최소공배수는 6입니다.

2 공배수와 최소공배수의 성질

➡ 공배수는 최소공배수의 배수들입니다.

2와 3의 공배수 6, 12, 18, …은 2와 3의 최소공배수 6의 배수들입니다.

➡ 약수는 개수를 셀 수 있지만 배수는 <u>셀 수 없이</u> 많습니다.
　　　　　　　　　　　　　　　　　　무수히

3 최소공배수 구하는 방법

$8 = \boxed{2 \times 2} \times 2$

$12 = \boxed{2 \times 2} \quad \times 3$

$\boxed{2 \times 2} \times 2 \times 3 = 24$
　　　　　↓
　　8과 12의 최소공배수

➡ 공통으로 들어있는 곱셈식은
2×2입니다.
나머지 수가 2와 3이므로
8과 12의 최소공배수는
$2 \times 2 \times 2 \times 3$입니다.

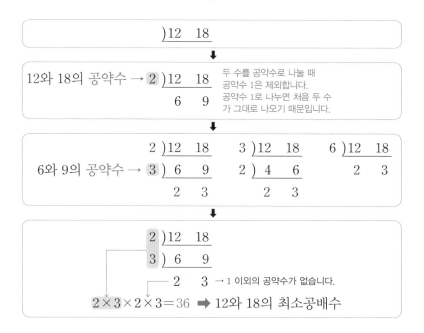

$) 12 \quad 18$

⬇

12와 18의 공약수 → ② $) 12 \quad 18$
　　　　　　　　　　　$\quad 6 \quad\quad 9$

두 수를 공약수로 나눌 때
공약수 1은 제외합니다.
공약수 1로 나누면 처음 두 수
가 그대로 나오기 때문입니다.

⬇

6과 9의 공약수 → ③

$2) 12 \quad 18$　　$3) 12 \quad 18$　　$6) 12 \quad 18$
$3) 6 \quad\quad 9$　　$2) 4 \quad\quad 6$　　$\quad 2 \quad\quad 3$
$\quad 2 \quad\quad 3$　　$\quad 2 \quad\quad 3$

⬇

② $) 12 \quad 18$
③ $) 6 \quad\quad 9$
　$\quad 2 \quad\quad 3$ → 1 이외의 공약수가 없습니다.

$2 \times 3 \times 2 \times 3 = 36$ ➡ 12와 18의 최소공배수

🔩 중학교 과정 | 세 수의 최대공약수와 최소공배수

(1) 세 수의 최대공약수는 (두 수의 최대공약수)와 (나머지 한 수)의 최대공약수를 구하면 됩니다.

예 세 수 4, 6, 8의 최대공약수 ➡ (4와 6의 최대공약수 2)와 (나머지 한 수 8)의 최대공약수는 2입니다.

(2) 세 수의 최소공배수는 (두 수의 최소공배수)와 (나머지 한 수)의 최소공배수를 구하면 됩니다.

예 세 수 4, 6, 8의 최소공배수 ➡ (4와 6의 최소공배수 12)와 (나머지 한 수 8)의 최소공배수는 24입니다.

친절한 풀이 p. 14

|||| ☐ 안에 알맞은 수를 써넣고, 공배수와 최소공배수를 구하시오.

001

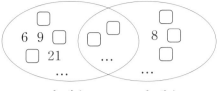

3의 배수   4의 배수

➡ 3과 4의 공배수   : _____

➡ 3과 4의 최소공배수 : _____

002

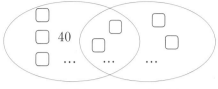

10의 배수   15의 배수

➡ 10과 15의 공배수   : _____

➡ 10과 15의 최소공배수 : _____

|||| 최소공배수를 구하시오.

003 4와 6의 최소공배수   : _____

$4=2\times2,\ 6=2\times3$

004 4와 12의 최소공배수 : _____

$4=2\times2,\ 12=2\times2\times3$

005 12와 30의 최소공배수 : _____

$12=2\times2\times3,\ 30=2\times3\times5$

006 20과 30의 최소공배수 : _____

$20=2\times2\times5,\ 30=2\times3\times5$

|||| ☐ 안에 알맞은 수를 써넣고, 최소공배수를 구하시오.

007 _____

☐) 6   9
　　 2   ☐

008 _____

☐) 9   15
　　☐   5

|||| 최대공약수와 최소공배수를 구하시오.

009 _____

) 12   16

010 _____

) 18   27

011 _____

) 12   30

012 _____

) 16   24

013 _____

) 24   30

014 _____

) 36   90

||||| **최소공배수를 구하시오.**

001 15와 20의 최소공배수 : _____

> $15=1\times15,\ 15=3\times5$
> $20=1\times20,\ 20=2\times10,\ 20=4\times5$

002 12와 16의 최소공배수 : _____

> $12=1\times12,\ 12=2\times6,\ 12=3\times4$
> $16=1\times16,\ 16=2\times8,\ 16=4\times4$

003 6과 8의 최소공배수 : _____

> $6=2\times3,\ 8=2\times2\times2$

004 12와 20의 최소공배수 : _____

> $12=2\times2\times3,\ 20=2\times2\times5$

||||| **☐ 안에 알맞은 수를 써넣고, 최소공배수를 구하시오.**

005 _____

```
☐ ) 6    15
  ☐      5
```

006 _____

```
☐ ) 14    21
    2     ☐
```

007 _____

```
☐ ) 24    42
☐ ) 12    ☐
    ☐     7
```

008 _____

```
☐ ) 27    36
☐ ) ☐     12
    3     ☐
```

||||| **최소공배수를 구하시오.**

009 _____

```
) 10    25
```

010 _____

```
) 18    24
```

011 _____

```
) 32    40
```

012 _____

```
) 48    72
```

|||| ☐ 안에 알맞은 수를 써넣고, 최소공배수를 구하시오.

001
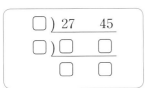

002

003

```
  ☐ ) 36   84
 ☐ )☐    ☐
 ☐ )☐    ☐
    ☐    ☐
```

004

```
  ☐ ) 48   120
 ☐ )☐    ☐
 ☐ )☐    ☐
 ☐ )☐    ☐
    ☐    ☐
```

|||| 물음에 답하시오.

005 어떤 두 수의 최소공배수가 16일 때, 어떤 두 수의 공배수 중에서 가장 큰 두 자리의 수는 무엇입니까?

006 6과 어떤 수의 최소공배수가 12일 때, 6과 어떤 수의 공배수를 가장 작은 수부터 차례대로 3개 쓰시오.

007 어떤 수를 32와 24로 나누면 모두 나누어떨어집니다. 어떤 수가 될 수 있는 자연수 중에서 가장 작은 수는 무엇입니까?

008 철수는 4의 배수에서 박수를, 영희는 6의 배수에서 박수를 한 번씩 치려고 합니다. 두 사람이 각각 1부터 100까지의 수를 차례대로 말할 때 두 사람이 동시에 박수를 치는 경우는 모두 몇 번입니까?

009 가로의 길이가 8 cm, 세로의 길이가 12 cm인 직사각형 모양의 종이를 겹치지 않게 이어 붙여서 만들 수 있는 가장 작은 정사각형 모양의 종이는 한 변의 길이가 몇 cm입니까?

010 어떤 두 수의 최대공약수는 8이고, 최소공배수는 160입니다. 한 수가 40일 때, 다른 한 수는 무엇입니까?

DAY 05 배수판정법

① 2, 4, 8의 배수

➡ **2의 배수** : 일의 자리의 수가 0이거나 2의 배수(2, 4, 6, 8)인 수

120=12×10, 10=2×5이므로 120과 같이 일의 자리의 수가 0인 모든 수는 2의 배수입니다.

(예) 5 0, 31 2, 23 4, 415 6, 2311 8

> 10=**2**×5　　←2의 배수
> 100=**4**×25　　←4의 배수
> 1000=**8**×125　←8의 배수

➡ **4의 배수** : 마지막 두 자리의 수가 00이거나 4의 배수(04, 08, 12, 16, …, 96)인 수

1200=12×100, 100=4×25이므로 1200과 같이 마지막 두 자리의 수가 00인 모든 수는 4의 배수입니다.

(예) 1 0 0, 32 4, 52 3 6, 451 9 2

➡ 5236=5×1000+2×100+36
1000과 100이 모두 4의 배수이므로 5×1000과 2×100도 모두 4의 배수입니다.
이때 36도 4의 배수이므로 5236은 4의 배수입니다.

➡ **8의 배수** : 마지막 세 자리의 수가 000이거나 8의 배수(008, 072, 120, 904, …, 992)인 수

12000=12×1000, 1000=8×125이므로 12000과 같이 마지막 세 자리의 수가 000인 모든 수는 8의 배수입니다.

(예) 1 0 0 0, 33 0 0 8, 25 0 7 2, 73 1 2 0

> 이 네 수는 2의 배수이면서 동시에 4의 배수입니다.

② 5의 배수

➡ 일의 자리의 수가 0이거나 5인 수

120=12×10, 10=5×2이므로 120과 같이 일의 자리의 수가 0인 모든 수는 5의 배수입니다.

(예) 54321 0, 1234 5

> 10=**5**×2 ←5의 배수

> 2의 배수이기도 하므로 10의 배수입니다.

③ 3, 6, 9의 배수

➡ **3의 배수** : 각 자리의 수의 합이 3의 배수인 수

(예) 6, 2 1, 1 1 1, 1 2 3 9

➡ 1239=(1×1000)+(2×100)+(3×10)+9
　　　=1×(999+1)+2×(99+1)+3×(9+1)+9
　　　=(1×999+1)+(2×99+2)+(3×9+3)+9
　　　=(1×999)+(2×99)+(3×9)+(1+2+3+9)
1×999, 2×99, 3×9는 모두 3의 배수입니다. 이때 1+2+3+9도 3의 배수이므로 1239는 3의 배수입니다.

➡ **6의 배수** : 2의 배수이면서 3의 배수인 수

(예) 2 4, 1 0 8, 1 0 0 2

➡ **9의 배수** : 각 자리의 수의 합이 9의 배수인 수

(예) 1 8, 1 3 5, 1 5 3 0

④ 연속한 수의 배수 판정

➡ 연속한 두 수 중 하나는 2의 배수입니다.

(예) 연속한 두 수를 곱하면 2의 배수가 됩니다.

> 4×5=20은 2의 배수

➡ 연속한 세 수에는 2의 배수와 3의 배수가 모두 들어 있습니다.

(예) 연속한 세 수를 곱하면 6(=2×3)의 배수가 됩니다.

> 4×5×6=120은 2, 3, 6의 배수

|||| **배수의 개수를 구하시오.**

001 (8   25   530   1235)   2의 배수 : _____

002 (54   246   2568   12300)   4의 배수 : _____

003 (236   1008   14192   321000)   8의 배수 : _____

004 (20   234   4210   35625)   5의 배수 : _____

005 (311   1612   25462   123456)   3의 배수 : _____

006 (82   144   678   2352)   6의 배수 : _____

007 (1116   12365   657214   4231215)   9의 배수 : _____

|||| **☐ 안에 들어갈 수 있는 수를 모두 구하시오.**

008 2의 배수 : 527☐

009 3의 배수 : 12☐8

010 4의 배수 : 27☐4

011 5의 배수 : 432☐

012 8의 배수 : 300☐

013 9의 배수 : 43☐1

|||| **☐ 안에 알맞은 수를 구하시오.**

014 95☐4는 4의 배수이면서 동시에 9의 배수입니다.

015 13☐27은 3의 배수이면서 동시에 9의 배수입니다.

016 45☐72는 8의 배수이면서 동시에 9의 배수입니다.

|||| **물음에 답하시오.**

017 세 자리의 수 3☐5가 3의 배수일 때, ☐ 안에 들어갈 수 있는 모든 수의 합은 얼마입니까?

018 병아리 72마리를 사기 위해 철수는 ☐4653☐원을 지불하였습니다. 병아리 한 마리의 값은 얼마입니까?

DAY 06 약분과 통분

1 같은 크기의 분수

➡ 분모와 분자에 0이 아닌 같은 수를 곱하면 같은 크기의 분수가 됩니다.

$$\frac{1}{2} = \frac{1 \times 2}{2 \times 2} = \frac{2}{4} = \frac{1 \times 3}{2 \times 3} = \frac{3}{6} = \frac{1 \times 4}{2 \times 4} = \frac{4}{8}$$

⬅ $\dfrac{\bigcirc}{\square} = \dfrac{\bigcirc \times \heartsuit}{\square \times \heartsuit}$ ($\heartsuit \neq 0$)

➡ 분모와 분자를 0이 아닌 같은 수로 나누면 같은 크기의 분수가 됩니다.

$$\frac{4}{8} = \frac{4 \div 2}{8 \div 2} = \frac{2}{4} = \frac{4 \div 4}{8 \div 4} = \frac{1}{2}$$

⬅ $\dfrac{\bigcirc}{\square} = \dfrac{\bigcirc \div \spadesuit}{\square \div \spadesuit}$ ($\spadesuit \neq 0$)

> 0으로 나눌 수 없습니다.

2 약분과 기약분수

➡ 분모와 분자를 그들의 공약수로 나누는 것을 약분한다고 합니다.

12와 18의 공약수는 1, 2, 3, 6입니다.

$$\frac{12}{18} = \frac{12 \div 1}{18 \div 1} = \frac{12}{18}, \quad \frac{12}{18} = \frac{12 \div 2}{18 \div 2} = \frac{6}{9}, \quad \frac{12}{18} = \frac{12 \div 3}{18 \div 3} = \frac{4}{6}, \quad \frac{12}{18} = \frac{12 \div 6}{18 \div 6} = \frac{2}{3}$$

분모와 분자를 1로 나누면 자기 자신이 되므로 약분할 때는 1을 제외한 공약수로 나눕니다.

➡ 분모와 분자의 공약수가 1뿐인 수를 기약분수라고 합니다.

기약분수의 분모와 분자는 더 이상 약분되지 않습니다.

분모와 분자의 최대공약수로 약분할 때 기약분수가 됩니다.

$$\frac{12}{18} = \frac{12 \div 6}{18 \div 6} = \frac{2}{3}$$ ⬅ 12와 18의 최대공약수 6으로 약분할 때 기약분수가 됩니다.

3 통분과 공통분모

➡ 분수의 분모를 같게 하는 것을 통분한다고 하고 통분한 분모를 공통분모라고 합니다.

> 방법1 (공통분모)=(두 분모의 곱)

$$\left(\frac{3}{4}, \frac{5}{6} \right) \Rightarrow \left(\frac{\square}{4 \times 6}, \frac{\square}{6 \times 4} \right) \Rightarrow \left(\frac{3 \times 6}{4 \times 6}, \frac{5 \times 4}{6 \times 4} \right) = \left(\frac{18}{24}, \frac{20}{24} \right)$$

> 방법2 (공통분모)=(두 분모의 최소공배수)

4와 6의 최소공배수는 12입니다.

$$\left(\frac{3}{4}, \frac{5}{6} \right) \Rightarrow \left(\frac{\square}{4 \times 3}, \frac{\square}{6 \times 2} \right) \Rightarrow \left(\frac{3 \times 3}{4 \times 3}, \frac{5 \times 2}{6 \times 2} \right) = \left(\frac{9}{12}, \frac{10}{12} \right)$$

> 최소공배수로 통분할 때 공통분모가 가장 작습니다.

4 분수의 크기 비교

➡ 통분을 하면 분수의 크기 비교도 쉽게 할 수 있고, 덧셈과 뺄셈도 계산하기 편합니다.

$$\left(\frac{3}{4}, \frac{2}{3} \right) \Rightarrow \left(\frac{3 \times 3}{4 \times 3}, \frac{2 \times 4}{3 \times 4} \right) \Rightarrow \left(\frac{9}{12}, \frac{8}{12} \right) \Rightarrow \frac{9}{12} > \frac{8}{12} \Rightarrow \frac{3}{4} > \frac{2}{3}$$

➡ ■ > ●일 때 $\dfrac{\blacksquare}{\diamondsuit} > \dfrac{\bullet}{\diamondsuit}$ 입니다.

➡ ■ > ●일 때 $\dfrac{1}{\blacksquare} < \dfrac{1}{\bullet}$, $\dfrac{\diamondsuit}{\blacksquare} < \dfrac{\diamondsuit}{\bullet}$ 입니다.

||||| 다음 수와 크기가 같은 분수를 4개 구하시오.

001 $\dfrac{3}{4}=$ ＿＿＿ $=$ ＿＿＿ $=$ ＿＿＿ $=$ ＿＿＿ (분모가 4보다 큰 분수)

002 $\dfrac{48}{80}=$ ＿＿＿ $=$ ＿＿＿ $=$ ＿＿＿ $=$ ＿＿＿ (분모가 50보다 작은 분수)

||||| 다음 분수를 약분한 분수를 모두 쓰시오.

003 ＿＿＿＿＿＿＿＿＿＿＿

$\dfrac{6}{8}$

004 ＿＿＿＿＿＿＿＿＿＿＿

$\dfrac{16}{24}$

005 ＿＿＿＿＿＿＿＿＿＿＿

$\dfrac{24}{32}$

||||| 다음 분수를 더 이상 약분할 수 없는 분수로 나타내시오.

006 ＿＿＿＿＿＿＿＿＿＿＿

$\dfrac{24}{36}$

007 ＿＿＿＿＿＿＿＿＿＿＿

$\dfrac{28}{44}$

008 ＿＿＿＿＿＿＿＿＿＿＿

$\dfrac{42}{70}$

009 ＿＿＿＿＿＿＿＿＿＿＿

$\dfrac{24}{54}$

010 ＿＿＿＿＿＿＿＿＿＿＿

$\dfrac{48}{80}$

011 ＿＿＿＿＿＿＿＿＿＿＿

$\dfrac{42}{98}$

||||| 012~014는 두 분모의 곱을 공통분모로, 015~017은 두 분모의 최소공배수를 공통분모로 하여 통분하시오.

012 ＿＿＿＿＿＿＿＿＿＿＿

$\left(\dfrac{1}{3},\ \dfrac{1}{4}\right)$

013 ＿＿＿＿＿＿＿＿＿＿＿

$\left(\dfrac{1}{6},\ \dfrac{4}{9}\right)$

014 ＿＿＿＿＿＿＿＿＿＿＿

$\left(\dfrac{3}{8},\ \dfrac{5}{12}\right)$

015 ＿＿＿＿＿＿＿＿＿＿＿

$\left(\dfrac{2}{3},\ \dfrac{1}{5}\right)$

016 ＿＿＿＿＿＿＿＿＿＿＿

$\left(\dfrac{7}{12},\ \dfrac{8}{15}\right)$

017 ＿＿＿＿＿＿＿＿＿＿＿

$\left(\dfrac{8}{15},\ \dfrac{9}{20}\right)$

||||| 두 분수 중에서 크기가 큰 분수에 ○표 하시오.

018 ＿＿＿＿＿＿＿＿＿＿＿

$\left(\dfrac{1}{3},\ \dfrac{2}{7}\right)$

019 ＿＿＿＿＿＿＿＿＿＿＿

$\left(\dfrac{4}{5},\ \dfrac{9}{10}\right)$

020 ＿＿＿＿＿＿＿＿＿＿＿

$\left(\dfrac{3}{8},\ \dfrac{5}{12}\right)$

|||| ☐ 안에 알맞은 수를 써넣으시오.

001 $\dfrac{1}{5}=\dfrac{6}{\boxed{}}$

002 $\dfrac{3}{7}=\dfrac{\boxed{}}{14}$

003 $\dfrac{3}{4}=\dfrac{9}{\boxed{}}=\dfrac{\boxed{}}{20}$

004 $\dfrac{16}{20}=\dfrac{\boxed{}}{5}$

005 $\dfrac{21}{27}=\dfrac{7}{\boxed{}}$

006 $\dfrac{48}{64}=\dfrac{\boxed{}}{16}=\dfrac{3}{\boxed{}}$

|||| 분수를 약분하려고 합니다. 필요한 공약수를 구하시오.

007 $\dfrac{8}{10}$ ➡ 8과 10의 공약수 : 1, ☐

008 $\dfrac{12}{28}$ ➡ 12와 28의 공약수 : 1, ☐, ☐

009 $\dfrac{16}{24}$ ➡ 16과 24의 공약수 : 1, ☐, ☐, ☐

|||| 주어진 분수를 기약분수로 만들려고 합니다. 분모와 분자를 나누어야 할 수와 기약분수를 구하시오.

010 $\dfrac{14}{21}$ _____

011 $\dfrac{28}{36}$ _____

012 $\dfrac{20}{52}$ _____

013 $\dfrac{24}{32}$ _____

014 $\dfrac{24}{36}$ _____

015 $\dfrac{40}{64}$ _____

|||| 016~018은 두 분모의 곱을 공통분모로, 019~021은 두 분모의 최소공배수를 공통분모로 하여 통분하시오.

016 $\left(\dfrac{4}{7},\ \dfrac{5}{9}\right)$ ➡ _____

017 $\left(\dfrac{1}{6},\ \dfrac{9}{10}\right)$ ➡ _____

018 $\left(1\dfrac{2}{5},\ 1\dfrac{4}{7}\right)$ ➡ _____

019 $\left(\dfrac{1}{4},\ \dfrac{5}{7}\right)$ ➡ _____

020 $\left(\dfrac{3}{4},\ \dfrac{5}{6}\right)$ ➡ _____

021 $\left(\dfrac{8}{15},\ \dfrac{9}{20}\right)$ ➡ _____

|||| **물음에 답하시오.**

001 $\frac{3}{4}$과 크기가 같고 분모가 30보다 크고 40보다 작은 분수는 모두 몇 개입니까? _____

002 $\frac{2}{3}$와 크기가 같고 분모와 분자의 합이 30인 분수는 무엇입니까? _____

003 $\frac{3}{4}$의 분모에 36을, 분자에 어떤 수를 더했더니 분수의 크기가 변하지 않았습니다. 어떤 수는 무엇입니까?

_____

004 $\frac{18}{30}$을 약분하려고 합니다. 1을 제외하고 분모와 분자를 나눌 수 있는 수를 모두 구하시오.

_____

005 $\frac{32}{48}$를 어떤 수로 약분하였더니 $\frac{2}{3}$가 되었습니다. 어떤 수는 무엇입니까? _____

006 $\frac{42}{78}$를 약분하여 나타낼 수 있는 분수 중에서 분모가 13인 분수는 무엇입니까? _____

007 분모가 72인 분수 중에서 약분하면 $\frac{7}{8}$이 되는 분수는 무엇입니까? _____

008 약분하여 $\frac{5}{13}$가 되는 분수 중에서 분모가 가장 큰 두 자리 수인 분수는 무엇입니까?

_____

009 진분수 $\frac{\square}{12}$가 기약분수일 때, $\square$ 안에 들어갈 수 있는 수는 모두 몇 개입니까? _____

010 분모와 분자의 합이 16이고 진분수인 기약분수는 모두 몇 개입니까? _____

011 분모와 분자의 합이 28이고 분모와 분자의 차가 20인 진분수를 기약분수로 나타내시오.

_____

012 $\frac{1}{6}$과 $\frac{3}{8}$ 사이에 있는 분수 중에서 분모가 24인 분수는 모두 몇 개입니까? _____

013 $\frac{\square}{20} > \frac{7}{12}$의 $\square$ 안에 들어갈 수 있는 가장 작은 자연수는 무엇입니까? _____

014 우유를 철수는 $2\frac{4}{9}$ L, 영희는 $2\frac{7}{15}$ L를 마셨습니다. 우유를 더 많이 마신 사람은 누구입니까?

_____

DAY 07 분수의 덧셈과 뺄셈

1 진분수의 덧셈과 뺄셈

➡ 분모가 같은 진분수의 덧셈과 뺄셈은 분모는 그대로 두고, 분자끼리만 더하거나 빼면 됩니다.

$$\frac{\blacksquare}{\bigstar}+\frac{\bullet}{\bigstar}=\frac{\blacksquare+\bullet}{\bigstar},\ \frac{\blacksquare}{\bigstar}-\frac{\bullet}{\bigstar}=\frac{\blacksquare-\bullet}{\bigstar}$$

2 대분수의 덧셈과 뺄셈

➡ 대분수의 덧셈과 뺄셈은 (대분수)＝(자연수)＋(진분수)이므로 자연수는 자연수끼리, 진분수는 진분수끼리 더하거나 빼면 됩니다.

$$1\frac{1}{3}+2\frac{2}{3}=(1+2)+\left(\frac{1}{3}+\frac{2}{3}\right)=3+\frac{3}{3}=4$$

$$5\frac{3}{5}-2\frac{4}{5}=\overset{\text{받아내림}}{\left(4+1+\frac{3}{5}\right)}-2\frac{4}{5}=4\frac{8}{5}-2\frac{4}{5}=(4-2)+\left(\frac{8}{5}-\frac{4}{5}\right)=2+\frac{4}{5}=2\frac{4}{5}$$

← $\frac{3}{5}<\frac{4}{5}$이므로 $\frac{3}{5}-\frac{4}{5}$와 같이 진분수끼리 뺄 수 없을 때는 자연수 부분에서 1만큼 받아내림하여 계산합니다.

➡ 대분수는 가분수로 바꾸어 계산하면 편리합니다.

$$4-2\frac{3}{5}=\frac{20}{5}-\frac{13}{5}=\frac{7}{5}=1\frac{2}{5}\quad\leftarrow 3\frac{5}{5}-2\frac{3}{5}=(3-2)+\left(\frac{5}{5}-\frac{3}{5}\right)=1+\frac{2}{5}=1\frac{2}{5}$$

3 분모가 다른 분수의 덧셈과 뺄셈

분모를 같게 만드는 방법이 통분입니다.

➡ 분모가 다른 분수의 덧셈은 분모를 통분하여 분모는 그대로 두고, 분자끼리만 더하거나 빼면 됩니다.

$$\frac{3}{4}+\frac{1}{6}=\frac{3\times3}{4\times3}+\frac{1\times2}{6\times2}=\frac{9}{12}+\frac{2}{12}=\frac{11}{12}\quad\leftarrow 4\text{와 }6\text{의 최소공배수 }12\text{로 통분하기}$$

➡ 분모가 다른 분수의 덧셈과 뺄셈은 다음과 같이 계산합니다.

① 분모를 통분한다.

② 분모가 같은 분수의 덧셈과 뺄셈을 한다.

$$\frac{5}{6}-\frac{3}{4}=\frac{5\times2}{6\times2}-\frac{3\times3}{4\times3}=\frac{10}{12}-\frac{9}{12}=\frac{1}{12}\quad\leftarrow 6\text{과 }4\text{의 최소공배수 }12\text{로 통분하기}$$

$$3\frac{1}{2}-2\frac{2}{3}=\left(2+1\frac{1}{2}\right)-2\frac{2}{3}=2\frac{3}{2}-2\frac{2}{3}=(2-2)+\left(\frac{3}{2}-\frac{2}{3}\right)$$

← $\frac{1}{2}\left(=\frac{3}{6}\right)<\frac{2}{3}\left(=\frac{4}{6}\right)$이므로 $\frac{1}{2}-\frac{2}{3}$의 계산이 가능하지 않습니다.

이때는 $3\frac{1}{2}$의 자연수 부분에서 1만큼 받아내림하여 $3\frac{1}{2}=2+1\frac{1}{2}=2+\frac{3}{2}=2\frac{3}{2}$으로 바꾸어 계산합니다.

$$=\frac{3\times3}{2\times3}-\frac{2\times2}{3\times2}=\frac{9}{6}-\frac{4}{6}=\frac{5}{6}\quad\leftarrow 2\text{와 }3\text{의 최소공배수 }6\text{으로 통분하기}$$

➡ 대분수는 가분수로 고쳐서 계산하면 편리합니다.

$$2\frac{1}{2}-1\frac{1}{4}=\frac{5}{2}-\frac{5}{4}=\frac{5\times2}{2\times2}-\frac{5}{4}=\frac{10}{4}-\frac{5}{4}=\frac{5}{4}=1\frac{1}{4}$$

4 (자연수)－(분수)의 계산

➡ 자연수 부분에서 1만큼을 가분수로 바꾸거나 자연수를 가분수로 바꿔서 계산합니다.

$$4-2\frac{2}{3}=3\frac{3}{3}-2\frac{2}{3}=(3-2)+\left(\frac{3}{3}-\frac{2}{3}\right)=1+\frac{1}{3}=1\frac{1}{3},\ 4-2\frac{2}{3}=\frac{12}{3}-\frac{8}{3}=\frac{4}{3}=1\frac{1}{3}$$

|||| 계산하시오.

001 _____

$$\frac{2}{7}+\frac{5}{7}$$

002 _____

$$\frac{6}{7}-\frac{4}{7}$$

003 _____

$$\frac{6}{7}+\frac{3}{7}-\frac{2}{7}$$

004 _____

$$1+\frac{3}{4}-\frac{1}{4}$$

005 _____

$$\frac{5}{8}+1-\frac{3}{8}$$

006 _____

$$\frac{7}{12}+\frac{5}{12}-1$$

007 _____

$$2+1\frac{2}{5}$$

008 _____

$$2\frac{1}{5}+3\frac{2}{5}$$

009 _____

$$3\frac{1}{5}+2\frac{2}{5}+1\frac{3}{5}$$

010 _____

$$2-1\frac{2}{5}$$

011 _____

$$3\frac{4}{5}-2\frac{1}{5}$$

012 _____

$$3\frac{4}{5}-1\frac{3}{5}+\frac{12}{5}$$

013 _____

$$4\frac{2}{5}-\frac{4}{5}$$

014 _____

$$6\frac{1}{7}-3\frac{5}{7}$$

015 _____

$$5\frac{2}{9}-3\frac{7}{9}+\frac{17}{9}$$

016 _____

$$\frac{2}{3}+\frac{3}{4}$$

017 _____

$$\frac{3}{4}+\frac{5}{8}$$

018 _____

$$\frac{5}{6}+\frac{3}{8}+\frac{1}{12}$$

019 _____

$$1\frac{1}{2}+2\frac{1}{3}$$

020 _____

$$1\frac{1}{6}+2\frac{4}{9}$$

021 _____

$$3\frac{1}{6}+2\frac{3}{8}+1\frac{5}{12}$$

022 _____

$$\frac{11}{4}-1\frac{2}{3}$$

023 _____

$$3\frac{3}{4}-1\frac{5}{6}$$

024 _____

$$4\frac{1}{6}-2\frac{2}{9}-\frac{1}{18}$$

|||| 계산하시오.

001 _____

$$\frac{1}{5}+\frac{2}{5}+\frac{3}{5}$$

002 _____

$$\frac{6}{7}-\frac{4}{7}+\frac{2}{7}$$

003 _____

$$\frac{7}{9}+\frac{2}{9}-\frac{4}{9}$$

004 _____

$$2+\frac{1}{5}+\frac{3}{5}$$

005 _____

$$\frac{7}{8}+\frac{5}{8}-1$$

006 _____

$$2-\frac{2}{9}+\frac{4}{9}$$

007 _____

$$2+1\frac{2}{7}+\frac{6}{7}$$

008 _____

$$3\frac{1}{7}+\frac{18}{7}+1\frac{3}{7}$$

009 _____

$$3\frac{4}{7}-2\frac{5}{7}-\frac{1}{7}$$

010 _____

$$4-3\frac{2}{3}+2\frac{1}{3}$$

011 _____

$$4\frac{1}{5}+2\frac{2}{5}-3\frac{4}{5}$$

012 _____

$$4\frac{2}{7}-2\frac{5}{7}+1\frac{6}{7}$$

013 _____

$$\frac{1}{2}+\frac{1}{4}+\frac{1}{8}$$

014 _____

$$\frac{1}{2}+\frac{2}{3}+\frac{5}{6}$$

015 _____

$$\frac{3}{4}+\frac{5}{6}+\frac{7}{12}$$

016 _____

$$1\frac{1}{2}+1\frac{1}{3}+1\frac{1}{5}$$

017 _____

$$1\frac{1}{3}+2\frac{5}{6}+\frac{11}{9}$$

018 _____

$$2\frac{5}{6}+1\frac{3}{8}+1\frac{1}{12}$$

019 _____

$$\frac{1}{2}-\frac{1}{3}-\frac{1}{6}$$

020 _____

$$3\frac{1}{2}-2\frac{1}{4}-\frac{1}{8}$$

021 _____

$$4\frac{1}{6}-2\frac{2}{9}-\frac{1}{18}$$

022 _____

$$3\frac{3}{4}-1\frac{2}{3}-1\frac{1}{2}$$

023 _____

$$5\frac{1}{2}-2\frac{3}{4}-1\frac{1}{6}$$

024 _____

$$3\frac{2}{3}-1\frac{1}{6}-1\frac{2}{9}$$

|||| 물음에 답하시오.

001 $\frac{2}{11}+\frac{\square}{11}$의 계산 결과는 진분수입니다. $\square$ 안에 들어갈 수 있는 자연수는 모두 몇 개입니까?

_____

002 $\frac{2}{9}$와 $\frac{8}{9}$의 차를 기약분수로 나타내시오.

_____

003 분모가 7인 두 진분수의 합은 $\frac{5}{7}$, 차는 $\frac{1}{7}$입니다. 두 진분수 중에서 작은 진분수는 무엇입니까?

_____

004 $7\frac{4}{9}$보다 $3\frac{8}{9}$만큼 작은 수는 얼마입니까?

_____

005 $2\frac{3}{7}+3\frac{5}{7}=2\frac{2}{7}+\square$의 $\square$ 안에 알맞은 수는 무엇입니까?

_____

006 $5\frac{2}{7}$에서 어떤 대분수를 뺐더니 $3\frac{3}{7}$이 되었습니다. 어떤 대분수는 무엇입니까?

_____

007 어떤 수에서 $1\frac{5}{9}$를 빼야 할 것을 잘못하여 더했더니 $5\frac{2}{9}$가 되었습니다. 바르게 계산하면 얼마입니까?

_____

008 밀가루 $\frac{8}{9}$ kg 중에서 딸기케이크를 만드는데 $\frac{2}{9}$ kg을, 초코케이크를 만드는데 $\frac{4}{9}$ kg을 사용했습니다. 사용하고 남은 밀가루는 모두 몇 kg입니까?

_____

009 길이가 2 m인 종이테이프와 길이가 1 m인 종이테이프를 $\frac{2}{7}$ m만큼 이어 붙였습니다. 이어 붙인 종이테이프의 전체 길이는 몇 m입니까?

_____

010 철사를 사용하여 철수는 한 변의 길이가 $3\frac{1}{6}$ cm인 정사각형을, 영희는 가로의 길이가 $2\frac{3}{8}$ cm이고 세로의 길이가 $3\frac{5}{12}$ cm인 직사각형을 만들었습니다. 두 사람이 사용한 철사의 길이는 모두 몇 cm입니까?

_____

011 그릇에 물 $2\frac{5}{6}$ L가 담겨 있었습니다. 철수가 $1\frac{5}{8}$ L를 사용하고, 다시 $2\frac{5}{12}$ L를 채워 놓았다면 현재 남아 있는 물의 양은 모두 몇 L입니까?

_____

 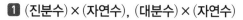

DAY 08 분수의 곱셈

1 (진분수)×(자연수), (대분수)×(자연수)

➡ 자연수를 $\dfrac{(자연수)}{1}$ 로 생각하고 분모는 분모끼리, 분자는 분자끼리 곱합니다.

$$\dfrac{2}{7}\times 3=\dfrac{2}{7}\times\dfrac{3}{1}=\dfrac{2\times3}{7\times1}=\dfrac{6}{7}$$

◀ $\dfrac{\blacksquare}{\bigstar}\times\blacktriangle=\dfrac{\blacksquare}{\bigstar}\times\dfrac{\blacktriangle}{1}=\dfrac{\blacksquare\times\blacktriangle}{\bigstar\times1}$

➡ 대분수를 가분수로 바꾸어 곱하거나 대분수를 자연수와 진분수로 나누어 곱하는 방법이 있습니다.

방법1 $1\dfrac{2}{3}\times4=\dfrac{5}{3}\times\dfrac{4}{1}=\dfrac{5\times4}{3\times1}=\dfrac{20}{3}=6\dfrac{2}{3}$

방법2 $1\dfrac{2}{3}\times4=\left(1+\dfrac{2}{3}\right)\times4=(1\times4)+\left(\dfrac{2}{3}\times\dfrac{4}{1}\right)$ ◀ $\blacklozenge\dfrac{\blacksquare}{\bigstar}\times\blacktriangle=\left(\blacklozenge+\dfrac{\blacksquare}{\bigstar}\right)\times\blacktriangle=(\blacklozenge\times\blacktriangle)+\left(\dfrac{\blacksquare}{\bigstar}\times\dfrac{\blacktriangle}{1}\right)$

$$=4+\dfrac{2\times4}{3\times1}=4+\dfrac{8}{3}=4+2\dfrac{2}{3}=6\dfrac{2}{3}$$

2 (진분수)×(진분수)

➡ 분모는 분모끼리, 분자는 분자끼리 곱합니다.

$$\dfrac{2}{3}\times\dfrac{4}{7}=\dfrac{2\times4}{3\times7}=\dfrac{8}{21}$$

◀ $\dfrac{\blacksquare}{\bigstar}\times\dfrac{\blacktriangle}{\bullet}=\dfrac{\blacksquare\times\blacktriangle}{\bigstar\times\bullet}$

3 (대분수)×(진분수)

➡ 대분수를 가분수로 바꾸어 곱하거나 대분수를 자연수와 진분수로 나누어 곱하는 방법이 있습니다.

방법1 $2\dfrac{1}{3}\times\dfrac{3}{4}=\dfrac{7}{\underset{1}{3}}\times\dfrac{\overset{1}{3}}{4}=\dfrac{7}{4}=1\dfrac{3}{4}$

> 곱셈식에서 약분이 되면
> 약분한 후에 계산합니다.

방법2 $2\dfrac{1}{3}\times\dfrac{3}{4}=\left(2+\dfrac{1}{3}\right)\times\dfrac{3}{4}=\left(\overset{1}{2}\times\dfrac{3}{\underset{2}{4}}\right)+\left(\dfrac{1}{\underset{1}{3}}\times\dfrac{\overset{1}{3}}{4}\right)$ ◀ $(\bullet+\blacktriangle)\times\blacksquare=(\bullet\times\blacksquare)+(\blacktriangle\times\blacksquare)$

$$=\dfrac{3}{2}+\dfrac{1}{4}=\dfrac{6}{4}+\dfrac{1}{4}=\dfrac{7}{4}=1\dfrac{3}{4}$$

> 계산 결과가 가분수일
> 경우 대분수로 나타냅니다.

4 (대분수)×(대분수)

➡ 대분수를 가분수로 바꾸어 곱합니다.

$$2\dfrac{1}{3}\times1\dfrac{3}{4}=\dfrac{7}{3}\times\dfrac{7}{4}=\dfrac{7\times7}{3\times4}=\dfrac{49}{12}=4\dfrac{1}{12}$$

 중학교 과정 | 덧셈과 곱셈의 연산법칙

(1) 덧셈의 교환법칙 : 앞뒤의 순서를 바꿔도 계산 결과는 같습니다. ➡ ○+□=□+○

  예 $2+3=3+2$, 그러나 뺄셈에서는 교환법칙이 성립하지 않습니다. $2-3=3-2$ (×)

(2) 덧셈의 결합법칙 : 괄호의 위치를 바꿔도 계산 결과는 같습니다. ➡ (○+□)+■=○+(□+■)

  예 $(2+3)+4=2+(3+4)$

(3) 곱셈의 교환법칙 : 앞뒤의 순서를 바꿔도 계산 결과는 같습니다. ➡ ○×□=□×○

  예 $2\times3=3\times2$, 그러나 나눗셈에서는 교환법칙이 성립하지 않습니다. $2\div3=3\div2$ (×)

(4) 곱셈의 결합법칙 : 괄호의 위치를 바꿔도 계산 결과는 같습니다. ➡ (○×□)×■=○×(□×■)

  예 $(2\times3)\times4=2\times(3\times4)$

(5) 분배법칙 : ■×(○+□)=(■×○)+(■×□)

  예 $2\times(3+4)=(2\times3)+(2\times4)$

|||| 계산하시오.

001

$$\frac{4}{5} \times 3$$

002

$$8 \times \frac{5}{12}$$

003

$$4 \times \frac{7}{12} \times 3$$

004

$$2\frac{1}{4} \times 3$$

005

$$6 \times 1\frac{4}{9}$$

006

$$6 \times 1\frac{3}{10} \times 5$$

007

$$\frac{1}{2} \times \frac{3}{5}$$

008

$$\frac{4}{5} \times \frac{2}{3}$$

009

$$\frac{1}{3} \times \frac{2}{5} \times \frac{4}{7}$$

010

$$\frac{3}{4} \times \frac{5}{9}$$

011

$$\frac{5}{6} \times \frac{3}{7}$$

012

$$\frac{2}{3} \times \frac{3}{5} \times \frac{4}{7}$$

013

$$\frac{4}{5} \times \frac{5}{8}$$

014

$$\frac{3}{8} \times \frac{4}{9}$$

015

$$\frac{2}{3} \times \frac{3}{7} \times \frac{7}{14}$$

016

$$2\frac{3}{4} \times \frac{1}{2}$$

017

$$\frac{6}{7} \times 2\frac{1}{3}$$

018

$$\frac{3}{8} \times 1\frac{2}{5} \times \frac{4}{7}$$

019

$$2\frac{1}{3} \times 1\frac{2}{5}$$

020

$$1\frac{5}{9} \times 2\frac{4}{7}$$

021

$$1\frac{2}{3} \times 3\frac{3}{4} \times 4\frac{4}{5}$$

|||| 계산하시오.

001 _____
$$3 \times \frac{5}{7}$$

002 _____
$$\frac{3}{8} \times 12$$

003 _____
$$2 \times \frac{5}{12} \times 3$$

004 _____
$$3\frac{1}{5} \times 4$$

005 _____
$$4 \times 2\frac{5}{8}$$

006 _____
$$6 \times 1\frac{1}{12} \times 3$$

007 _____
$$\frac{1}{2} \times \frac{1}{3} \times \frac{5}{7}$$

008 _____
$$\frac{1}{4} \times \frac{2}{5} \times \frac{3}{7}$$

009 _____
$$\frac{2}{3} \times \frac{1}{4} \times \frac{6}{7}$$

010 _____
$$\frac{1}{2} \times \frac{2}{3} \times \frac{6}{7}$$

011 _____
$$\frac{3}{4} \times \frac{5}{7} \times \frac{8}{9}$$

012 _____
$$\frac{2}{3} \times \frac{6}{7} \times \frac{21}{22}$$

013 _____
$$1\frac{1}{2} \times \frac{1}{4} \times 1\frac{2}{5}$$

014 _____
$$\frac{4}{5} \times 1\frac{1}{2} \times \frac{1}{7}$$

015 _____
$$\frac{3}{4} \times 1\frac{3}{5} \times 1\frac{1}{6}$$

016 _____
$$\frac{1}{2} \times 1\frac{2}{3} \times 1\frac{3}{4}$$

017 _____
$$1\frac{2}{3} \times 1\frac{3}{4} \times 1\frac{4}{5}$$

018 _____
$$1\frac{1}{2} \times 1\frac{2}{3} \times 1\frac{3}{5}$$

친절한 풀이 p. 40

||||| **물음에 답하시오.**

001 $\frac{5}{18} \times \square$의 계산 결과는 진분수입니다. $\square$ 안에 들어갈 수 있는 자연수는 모두 몇 개입니까?

_____

002 $\frac{4}{21} \times 14 > \square$의 $\square$ 안에 들어갈 수 있는 자연수는 모두 몇 개입니까?

_____

003 한 변의 길이가 $3\frac{1}{6}$ cm인 정사각형의 둘레의 길이는 몇 cm입니까?

_____

004 가로의 길이가 8 cm이고 세로의 길이가 가로의 길이의 $\frac{5}{6}$인 직사각형이 있습니다. 이 직사각형의 넓이는 몇 cm²입니까?

_____

005 길이가 $\frac{8}{15}$ cm인 종이띠가 있습니다. 색칠한 부분의 길이는 몇 cm입니까?

006 어떤 수에 $1\frac{1}{5}$을 곱해야 할 것을 잘못하여 뺐더니 $1\frac{2}{15}$가 되었습니다. 바르게 계산하면 얼마입니까?

_____

007 색칠한 도형의 넓이는 몇 cm²입니까?

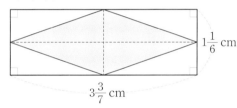

008 같은 물건을 달에서 재었을 때 그 무게는 지구에서의 무게의 $\frac{1}{6}$입니다. 지구에서 48 kg인 철수가 달에서 몸무게를 재었다면 몇 kg입니까?

_____

009 한 시간에 120 km를 달리는 자동차가 있습니다. 이 자동차가 같은 빠르기로 1시간 45분 동안 달린 거리는 몇 km입니까?

_____

010 하루에 1분 20초씩 늦어지는 시계가 있습니다. 이 시계를 오늘 오전 8시에 시간을 정확히 맞추었다면 9일이 지난 오전 8시에 이 시계는 몇 시 몇 분을 가리킬까요?

_____

011 전체 넓이가 36 km²인 과수원의 $\frac{1}{4}$만큼 사과나무가 있고, 나머지 땅의 $\frac{5}{8}$만큼 포도나무가 있습니다. 포도나무가 심어진 땅의 넓이는 몇 km²입니까?

_____

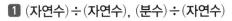 **DAY 09** 분수의 나눗셈

1 (자연수)÷(자연수), (분수)÷(자연수)

➡ (나누어지는 수)÷(나누는 수)=$\dfrac{\text{(나누어지는 수)}}{\text{(나누는 수)}}$

← $1÷●=\dfrac{1}{●}$, $■÷●=\dfrac{■}{●}$

$3÷4=\dfrac{3}{4}$

➡ 분자가 자연수의 배수인 경우 (분수)÷(자연수)의 계산은 분자를 자연수로 나누어 계산합니다.

이때 나누는 수인 (자연수)를 $\dfrac{1}{\text{(자연수)}}$ 로 바꾸어 곱해도 됩니다.

$\dfrac{4}{5}÷2=\dfrac{4÷2}{5}=\dfrac{2}{5}$, $3\dfrac{3}{4}÷5=\dfrac{15}{4}÷5=\dfrac{15÷5}{4}=\dfrac{3}{4}$

← $\dfrac{■}{★}÷●=\dfrac{■÷●}{★}$

$\dfrac{4}{5}÷2=\dfrac{\overset{2}{\cancel{4}}}{5}×\dfrac{1}{\underset{1}{\cancel{2}}}=\dfrac{2}{5}$, $3\dfrac{3}{4}÷5=\dfrac{15}{4}÷5=\dfrac{\overset{3}{\cancel{15}}}{4}×\dfrac{1}{\underset{1}{\cancel{5}}}=\dfrac{3}{4}$

$÷\dfrac{\text{(자연수)}}{1}$ 에서 나눗셈을 곱셈으로 바꾸고 분수의 분모와 분자를 바꾼 것입니다.

← $\dfrac{■}{★}÷●=\dfrac{■}{★}×\dfrac{1}{●}$

➡ 분자가 자연수의 배수가 아닌 경우 (분수)×$\dfrac{1}{\text{(자연수)}}$ 로 계산합니다.

$\dfrac{4}{5}÷3=\dfrac{4}{5}×\dfrac{1}{3}=\dfrac{4}{15}$, $3\dfrac{3}{4}÷2=\dfrac{15}{4}÷2=\dfrac{15}{4}×\dfrac{1}{2}=\dfrac{15}{8}=1\dfrac{7}{8}$

← $\dfrac{■}{★}÷●=\dfrac{■}{★}×\dfrac{1}{●}$

2 분모가 같은 (분수)÷(분수), 분모가 다른 (분수)÷(분수)

분모는 계산에 참여하지 않습니다.

➡ 분모가 같은 (분수)÷(분수)의 계산은 분자끼리 나누는 것과 같습니다.

$\dfrac{6}{7}÷\dfrac{2}{7}=6÷2=3$

← $\dfrac{■}{★}÷\dfrac{●}{★}=■÷●=\dfrac{■}{●}$

➡ 분모가 다른 (분수)÷(분수)의 계산은 통분하여 분모를 같게 한 다음 분자끼리 나누는 것과 같습니다.

$\dfrac{3}{4}÷\dfrac{2}{3}=\dfrac{3×3}{4×3}÷\dfrac{2×4}{3×4}=\dfrac{9}{12}÷\dfrac{8}{12}=9÷8=\dfrac{9}{8}=1\dfrac{1}{8}$ ← 4와 3의 최소공배수 12로 통분하기

$\dfrac{5}{6}÷\dfrac{3}{4}=\dfrac{5×2}{6×2}÷\dfrac{3×3}{4×3}=\dfrac{10}{12}÷\dfrac{9}{12}=10÷9=\dfrac{10}{9}=1\dfrac{1}{9}$ ← 6과 4의 최소공배수 12로 통분하기

3 분수로 나눌 때의 계산 방법

나누는 수의 역수를 곱한다는 의미입니다.

➡ 나누는 분수의 분모와 분자를 바꾸어 곱합니다.

$2÷\dfrac{1}{4}=2×\dfrac{4}{1}=8$, $2÷\dfrac{3}{4}=2×\dfrac{4}{3}=\dfrac{8}{3}=2\dfrac{2}{3}$

← $■÷\dfrac{●}{★}=■×\dfrac{★}{●}$

$\dfrac{5}{4}÷\dfrac{3}{8}=\dfrac{5}{\underset{1}{\cancel{4}}}×\dfrac{\overset{2}{\cancel{8}}}{3}=\dfrac{10}{3}=3\dfrac{1}{3}$, $2\dfrac{1}{3}÷\dfrac{5}{6}=\dfrac{7}{\underset{1}{\cancel{3}}}×\dfrac{\overset{2}{\cancel{6}}}{5}=\dfrac{14}{5}=2\dfrac{4}{5}$

← $\dfrac{■}{★}÷\dfrac{●}{▲}=\dfrac{■}{★}×\dfrac{▲}{●}$

중학교 과정 | **역수를 이용한 분수의 나눗셈**

(1) □의 역수는 □×○=1이 되는 ○를 말합니다.

(2) 분수의 역수는 분모와 분자를 서로 바꾸어주면 됩니다. 예를 들어 $2\left(=\dfrac{2}{1}\right)$의 역수는 $\dfrac{1}{2}$, $\dfrac{3}{4}$의 역수는 $\dfrac{4}{3}$입니다.

(3) ○÷★=○×$\dfrac{1}{★}$ ➡ '어떤 수를 ★로 나누는 것'은 '어떤 수에 $\dfrac{1}{★}$을 곱하는 것'과 같다는 의미입니다.

친절한 풀이 p. 41

|||| 계산하시오.

001 _____
$$1 \div 7$$

002 _____
$$12 \div 5$$

003 _____
$$20 \div 3$$

004 _____
$$\frac{3}{5} \div 2$$

005 _____
$$\frac{12}{7} \div 3$$

006 _____
$$\frac{21}{11} \div 9$$

007 _____
$$2\frac{3}{5} \div 3$$

008 _____
$$2\frac{1}{4} \div 3$$

009 _____
$$6\frac{2}{3} \div 15$$

010 _____
$$\frac{4}{5} \div \frac{2}{5}$$

011 _____
$$\frac{5}{7} \div \frac{2}{7}$$

012 _____
$$\frac{4}{9} \div \frac{7}{9}$$

013 _____
$$\frac{2}{9} \div \frac{2}{3}$$

014 _____
$$\frac{5}{6} \div \frac{3}{4}$$

015 _____
$$\frac{5}{8} \div \frac{1}{6}$$

016 _____
$$5 \div \frac{1}{3}$$

017 _____
$$6 \div \frac{3}{5}$$

018 _____
$$12 \div \frac{8}{7}$$

019 _____
$$\frac{3}{5} \div \frac{2}{7}$$

020 _____
$$\frac{5}{12} \div \frac{3}{4}$$

021 _____
$$1\frac{1}{9} \div \frac{5}{7}$$

022 _____
$$1\frac{7}{9} \div 1\frac{3}{5}$$

023 _____
$$2\frac{2}{5} \div 1\frac{5}{7}$$

024 _____
$$1\frac{8}{9} \div 2\frac{5}{6}$$

||||| 계산하시오.

001 _____
$$2 \div 5$$

002 _____
$$8 \times \frac{1}{2} \div 3$$

003 _____
$$5 \div 3 \times \frac{1}{2}$$

004 _____
$$\frac{2}{5} \div 3$$

005 _____
$$\frac{6}{5} \div 3$$

006 _____
$$\frac{9}{10} \div 6 \times 2$$

007 _____
$$5\frac{1}{4} \div 4$$

008 _____
$$4\frac{3}{5} \div 6$$

009 _____
$$3\frac{3}{7} \div 4 \times \frac{1}{3}$$

010 _____
$$\frac{9}{11} \div \frac{3}{11}$$

011 _____
$$\frac{9}{14} \div \frac{5}{14}$$

012 _____
$$\frac{15}{17} \div \frac{9}{17}$$

013 _____
$$\frac{5}{6} \div \frac{4}{7}$$

014 _____
$$\frac{5}{6} \div \frac{7}{12}$$

015 _____
$$\frac{5}{6} \div \frac{4}{15}$$

016 _____
$$8 \div \frac{3}{7}$$

017 _____
$$8 \div \frac{4}{9}$$

018 _____
$$8 \div \frac{6}{11}$$

019 _____
$$\frac{1}{2} \div \frac{3}{5} \div \frac{4}{7}$$

020 _____
$$\frac{3}{4} \div \frac{2}{5} \div \frac{1}{6}$$

021 _____
$$\frac{6}{5} \div \frac{3}{8} \div \frac{10}{11}$$

022 _____
$$1\frac{3}{7} \div \frac{15}{16} \div \frac{2}{3}$$

023 _____
$$2\frac{1}{7} \div \frac{12}{7} \div 10$$

024 _____
$$1\frac{1}{3} \div 1\frac{1}{4} \div 1\frac{1}{5}$$

응용문제도전하기

|||| **물음에 답하시오.**

001 네 변의 길이의 합이 $\frac{8}{9}$ cm인 마름모가 있습니다. 이 마름모의 한 변의 길이는 몇 cm입니까?

_____

002 높이가 5 cm이고 넓이가 $12\frac{1}{2}$ cm²인 평행사변형이 있습니다. 이 평행사변형의 밑변의 길이는 몇 cm입니까?

_____

003 어떤 수를 7로 나누어야 하는데 잘못하여 7을 곱했더니 $13\frac{1}{8}$이 되었습니다. 바르게 계산한 값은 무엇입니까?

_____

004 한 변의 길이가 $1\frac{3}{7}$ cm인 정사각형과 둘레의 길이가 같은 정오각형을 그리려고 합니다. 정오각형의 한 변의 길이를 몇 cm로 그려야 합니까?

_____

005 직사각형의 가로의 길이는 세로의 길이의 몇 배입니까?

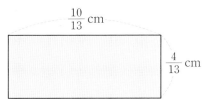

006 어떤 분수에 $\frac{9}{10}$를 곱했더니 $\frac{6}{7}$이 되었습니다. 어떤 분수를 구하시오.

_____

007 딸기 11 kg을 바구니 4개에 똑같이 나누어 담으려고 합니다. 한 바구니에 담을 수 있는 딸기의 양은 몇 kg입니까?

_____

008 오렌지 주스 $\frac{5}{7}$ L를 3명이 똑같이 나누어 마셨다면 한 사람이 마신 오렌지 주스의 양은 몇 L입니까?

_____

009 일정한 빠르기로 가는 자전거로 8분 동안 $6\frac{4}{9}$ km를 간다면 5분 동안 몇 km를 갈 수 있습니까?

_____

010 무게가 $\frac{7}{12}$ kg인 금속관 $\frac{4}{15}$ m가 있습니다. 이 금속관 1 kg의 길이는 몇 m입니까?

_____

011 주스 $2\frac{2}{5}$ L를 1명당 $\frac{3}{8}$ L씩 똑같이 나누어준다면 모두 몇 명까지 나누어줄 수 있습니까?

_____

DAY 10 역연산

1 등호의 성질

➡ 두 개의 대상이 서로 같다는 것을 나타낼 때 사용하는 기호 '='를 등호라고 합니다.

$$1+1=2,\ \frac{3}{4}-\frac{2}{4}=\frac{1}{4},\ 2\times3=6,\ 3\div4=\frac{3}{4}$$

➡ 등호가 있는 모든 식을 등식이라고 합니다.
등호의 왼쪽을 좌변, 등호의 오른쪽을 우변,
좌변과 우변을 통틀어서 양변이라고 합니다.

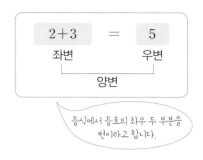

등식에서 등호의 좌우 두 부분을
변이라고 합니다.

2 같은 수를 더하기, 빼기

➡ 등호의 왼쪽(좌변)과 오른쪽(우변)에 같은 수를 더해도 등호는 성립합니다.

$$1+2=3 \rightarrow 1+2+4=3+4 \rightarrow 7=7$$

➡ 등호의 왼쪽과 오른쪽에 같은 수를 빼도 등호는 성립합니다.

$$3+4=7 \rightarrow 3+4-4=7-4 \rightarrow 3=3$$

이 성질을 이용하면 다음과 같이 계산할 수 있습니다.

$-2+2=0,\ +2-2=0,$
$-\square+\square=0,\ 2-2=\bigcirc$

$$\square-2=5 \rightarrow \square-2+2=5+2 \rightarrow \square=5+2 \rightarrow \square=7$$

$$\square+2=5 \rightarrow \square+2-2=5-2 \rightarrow \square=5-2 \rightarrow \square=3$$

$$7-\square=5 \rightarrow 7-\square+\square=5+\square \rightarrow 7=5+\square \rightarrow 7-5=5+\square-5 \rightarrow 7-5=\square \rightarrow 2=\square$$

$$2+\square=7 \rightarrow 2+\square-2=7-2 \rightarrow \square=7-2 \rightarrow \square=5$$

➡ 덧셈, 뺄셈의 관계를 이용하면 ■ 또는 ● 중에서 한 수를 다음과 같이 구할 수 있습니다.

$$■+●=▲ \begin{cases} ■=▲-● \\ ●=▲-■ \end{cases} \quad ■-●=▲ \begin{cases} ■=▲+● \\ ●=■-▲ \end{cases}$$

3 같은 수를 곱하기, 나누기

➡ 등호의 왼쪽과 오른쪽에 같은 수를 곱해도 등호는 성립합니다.

$$1\times2=2 \rightarrow 1\times2\times3=2\times3 \rightarrow 6=6$$

➡ 등호의 왼쪽과 오른쪽에 0이 아닌 같은 수를 나누어도 등호는 성립합니다.

$$2\times6=12 \rightarrow 2\times6\div3=12\div3 \rightarrow 4=4$$

이 성질을 이용하면 다음과 같이 계산할 수 있습니다.

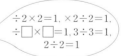

$\div2\times2=1,\ \times2\div2=1,$
$\div\square\times\square=1,\ 3\div3=1,$
$2\div2=1$

$$\square\div2=3 \rightarrow \square\div2\times2=3\times2 \rightarrow \square=3\times2 \rightarrow \square=6$$

$$\square\times2=6 \rightarrow \square\times2\div2=6\div2 \rightarrow \square=6\div2 \rightarrow \square=3$$

$$6\div\square=3 \rightarrow 6\div\square\times\square=3\times\square \rightarrow 6=3\times\square \rightarrow 6\div3=3\times\square\div3 \rightarrow 6\div3=\square \rightarrow 2=\square$$

$$2\times\square=6 \rightarrow 2\times\square\div2=6\div2 \rightarrow \square=6\div2 \rightarrow \square=3$$

➡ 곱셈, 나눗셈 관계를 이용하면 ■ 또는 ● 중에서 한 수를 다음과 같이 구할 수 있습니다.

$$■\times●=\bigcirc \implies ■=\bigcirc\div●,\ ●=\bigcirc\div■$$

$$■\div●=\bigcirc \implies ■=\bigcirc\times●,\ ●=■\div\bigcirc$$

개념이해하기

|||| ☐ 안에 알맞은 수를 구하시오.

001 _____
$$\square + 3 = 5$$

002 _____
$$\square - 2 = 7$$

003 _____
$$9 - \square = 7$$

004 _____
$$\square + \frac{2}{7} = \frac{5}{7}$$

005 _____
$$\frac{4}{7} = \square - \frac{2}{7}$$

006 _____
$$1 - \square = \frac{5}{7}$$

007 _____
$$6 = 3\frac{2}{5} + \square$$

008 _____
$$\square - \frac{3}{5} = 3\frac{2}{5}$$

009 _____
$$\frac{11}{5} = 4\frac{4}{5} - \square$$

010 _____
$$\frac{3}{8} + \square = \frac{19}{24}$$

011 _____
$$\frac{1}{6} = \square - \frac{3}{10}$$

012 _____
$$\frac{7}{15} - \square = \frac{3}{10}$$

013 _____
$$3\frac{1}{2} = 1\frac{2}{7} + \square$$

014 _____
$$\square - 1\frac{1}{2} = 2\frac{1}{3}$$

015 _____
$$2\frac{2}{3} = 4\frac{1}{6} - \square$$

016 _____
$$\square \times 3 = 12$$

017 _____
$$\square \div 2 = 5$$

018 _____
$$8 \div \square = 4$$

019 _____
$$\square \times \frac{1}{4} = \frac{1}{12}$$

020 _____
$$6 = \square \div \frac{2}{7}$$

021 _____
$$\frac{4}{5} \div \square = 1\frac{1}{3}$$

022 _____
$$3\frac{1}{3} = 2\frac{1}{3} \times \square$$

023 _____
$$\square \div 1\frac{1}{2} = 2\frac{3}{4}$$

024 _____
$$2\frac{4}{7} = 4 \div \square$$

DAY 11 미지수 x와 등식의 성질

1 미지수 x와 등식

➡ '미지'는 '알지 못한다', '아직 모른다'는 뜻이므로 미지수는 '모르는 수'입니다.

➡ 초등학교에서는 모르는 수를 □로 놓고 풀지만 중학교에서는 x로 놓고 풉니다.

　예) 어떤 수에 2를 더했더니 5가 되었습니다. 어떤 수를 구하시오.

　　□$+2=5$ → $x+2=5$ → $x=3$

2 등식의 성질

➡ 등식의 양변에 같은 수를 더해도 등식은 성립합니다.

　예) □$-3=2$이면 □$-3+3=2+3$, □$=5$입니다.

　(□를 미지수 x로 바꾸기) $x-3=2$이면 $x-3+3=2+3$, $x=5$입니다.

□$=$○이면 □$+△=$○$+△$

➡ 등식의 양변에서 같은 수를 빼도 등식은 성립합니다.

　예) □$+2=5$이면 □$+2-2=5-2$, □$=3$입니다.

　(□를 미지수 x로 바꾸기) $x+2=5$이면 $x+2-2=5-2$, $x=3$입니다.

□$=$○이면 □$-△=$○$-△$

➡ 등식의 양변에 같은 수를 곱해도 등식은 성립합니다.

　예) $\frac{1}{2}\times$□$=4$이면 $\frac{1}{2}\times$□$\times2=4\times2$, □$=8$입니다.

　(□를 미지수 x로 바꾸기) $\frac{1}{2}\times x=4$이면 $\frac{1}{2}\times x\times2=4\times2$, $x=8$입니다.

□$=$○이면 □$\times△=$○$\times△$

➡ 등식의 양변을 0이 아닌 같은 수로 나누어도 등식은 성립합니다.

　예) $2\times$□$=8$이면 $2\times$□$\div2=8\div2$, □$=4$입니다.

　(□를 미지수 x로 바꾸기) $2\times x=8$이면 $2\times x\div2=8\div2$, $x=4$입니다.

□$=$○이면 □$\div△=$○$\div△$

△는 0이 아닙니다.

3 이항

➡ 등식의 한 변에 있는 항을 부호를 바꾸어 다른 변으로 옮기는 것을 이항이라 합니다.

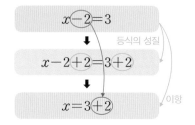

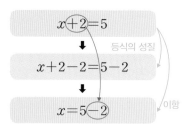

4 미지수 x 구하기

➡ 등식의 성질이나 이항을 이용하여 미지수 x를 구할 수 있습니다.

　예) 어떤 수에 4를 곱한 다음 1을 뺐더니 7이 되었습니다.
　　어떤 수를 구하시오.

　　□$\times4-1=7$ → $4\times x-1=7$

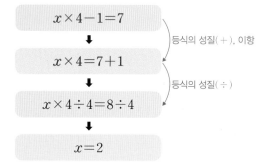

|||| 다음 문장에서 어떤 수를 미지수 x로 표현하여 식으로 나타내고, 미지수 x를 구하시오.

001 어떤 수에 2를 더했더니 3이 되었습니다.

002 어떤 수에서 3을 뺐더니 4가 되었습니다.

003 어떤 수에 4를 곱했더니 20이 되었습니다.

004 어떤 수를 5로 나누었더니 15가 되었습니다.

|||| ☐ 안에 알맞은 수를 넣으시오.

005 _____

$x+5=8 \Rightarrow x+5-\square=8-5 \rightarrow x=3$

006 _____

$x-3=7 \Rightarrow x-3+3=7+\square \rightarrow x=10$

007 _____

$x \div 5=3 \Rightarrow x \div 5 \times \square=3 \times 5 \rightarrow x=15$

008 _____

$x \times 4=20 \Rightarrow x \times 4 \div 4=20 \div \square \rightarrow x=5$

|||| 색칠한 부분을 다른 변으로 이항하고, ☐ 안에 알맞은 수를 구하시오.

009 $x+7=10 \rightarrow ($ $) \rightarrow x=\square$

010 $x-4=7 \rightarrow ($ $) \rightarrow x=\square$

011 $7+x=10 \rightarrow ($ $) \rightarrow x=\square$

012 $9-x=7 \rightarrow ($ $) \rightarrow x=\square$

|||| ☐ 안에 알맞은 수를 넣으시오.

013 $2 \times x=6 \rightarrow x=\square$

014 $2 \times x-1=7 \rightarrow 2 \times x=\square \rightarrow x=\square$

015 $3 \times x+4=10 \rightarrow 3 \times x=\square \rightarrow x=\square$

016 $\frac{1}{4} \times x+3=5 \rightarrow \frac{1}{4} \times x=\square \rightarrow x=\square$

|||| 어떤 수를 미지수 x로 놓고 식으로 만들어 ☐ 안에 알맞은 수를 구하시오.

017 어떤 수에 7을 곱한 다음 5를 더했더니 19가 되었습니다. $\rightarrow x=\square$

018 어떤 수를 3으로 나눈 다음 2를 뺐더니 13이 되었습니다. $\rightarrow x=\square$

DAY 12 각도와 삼각형

1 각도

(1) 예각
0°보다 크고
90°보다 작은 각

(2) (직각)=90°
평각의 크기의 $\frac{1}{2}$배인 각

(3) 둔각
90°보다 크고
180°보다 작은 각

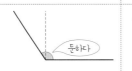

(4) (평각)=180°
직각의 크기의 2배인 각
한 직선이 이루는 각

2 각의 크기로 삼각형 분류하기

예각삼각형

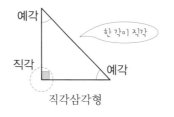

직각삼각형

둔각삼각형

3 변의 길이로 삼각형 분류하기

이등변삼각형
① 두 변의 길이가 같다.
② 두 각의 크기가 같다.

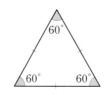

정삼각형
① 세 변의 길이가 같다.
② 세 각의 크기가 같다.

➡ 정삼각형은 세 변의 길이가 같으므로 두 변의 길이가 같은 이등변삼각형이기도 합니다.

➡ 삼각형의 세 각의 크기의 합이 180°이므로 정삼각형의 한 각의 크기는 180°÷3=60°입니다.

4 삼각형과 다각형의 각의 크기

➡ 삼각형의 세 각의 크기의 합은 180°입니다.

➡ 사각형은 1개의 대각선을 그으면 2개의 삼각형으로 나누어지므로 사각형의 네 각의 크기의 합은 $2 \times 180°$입니다.

➡ 오각형의 다섯 각의 크기의 합은 $3 \times 180°$이고 육각형의 여섯 각의 크기의 합은 $4 \times 180°$입니다.

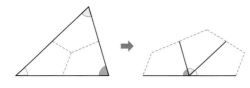

삼각형 2개

삼각형 3개

삼각형 4개

 중학교 과정 | **각의 크기**

(1) n각형에서 대각선을 그어 만들 수 있는 삼각형의 개수 : $(n-2)$개

(2) n각형의 모든 내각의 크기의 합 : $(n-2) \times 180°$

(3) 삼각형의 한 외각의 크기는 그와 이웃하지 않는 두 내각의 크기의 합과 같습니다.

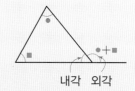

내각 외각

|||| ㉠에 알맞은 각의 크기를 구하시오.

001 _____
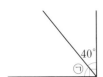

002 _____

003 _____
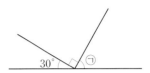

|||| 004~006은 이등변삼각형이고, 007~009는 정삼각형입니다. ☐ 안에 알맞은 수를 써넣으시오.

004 _____
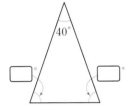

005 _____
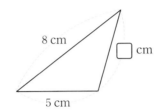

006 _____
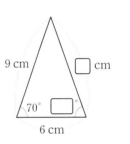

007 _____

008 _____
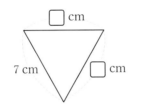

009 _____
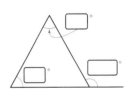

|||| ☐ 안에 알맞은 수를 써넣으시오.

010 _____
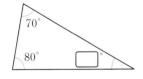

011 _____

012 _____
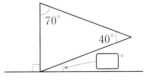

013 _____
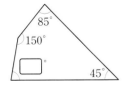

014 _____

015 _____
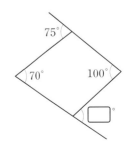

친절한 풀이 p. 54

||||| ㉠에 알맞은 각의 크기를 구하시오.

001

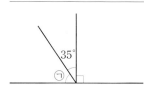

002

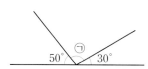

003

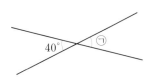

||||| 004~006은 이등변삼각형이고, 007~009는 정삼각형입니다. ☐ 안에 알맞은 수를 써넣으시오.

004

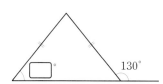

005

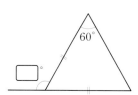

006

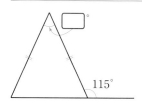

007

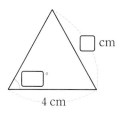

008

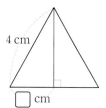

009

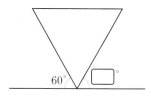

||||| ☐ 안에 알맞은 수를 써넣으시오.

010

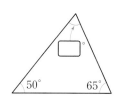

011

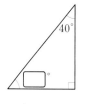

012

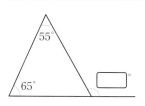

013

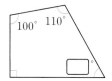

014

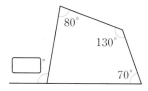

015

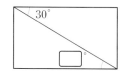

|||| **옳으면 ○표, 틀리면 ×표 하시오.**

001 직각은 90°이고 평각은 180°이다. _____

002 예각삼각형은 세 각이 모두 예각인 삼각형이다. _____

003 둔각삼각형은 한 각만 둔각인 삼각형이다. _____

004 이등변삼각형은 예각삼각형이다. _____

005 이등변삼각형은 둔각삼각형이다. _____

006 정삼각형의 한 각의 크기는 60°이다. _____

007 정삼각형은 이등변삼각형이면서 예각삼각형이다. _____

008 삼각형의 크기가 커지면 세 각의 크기의 합도 커진다. _____

009 정삼각형은 크기가 달라도 세 각의 크기는 모두 같다. _____

010 사각형의 네 각의 크기의 합은 항상 360°이다. _____

011 오각형은 3개의 삼각형으로 나눌 수 있다. _____

|||| **물음에 답하시오.**

012 길이가 27 cm인 철사를 겹치지 않게 모두 사용하여 정삼각형 한 개를 만들었습니다. 만든 정삼각형의 한 변의 길이는 몇 cm입니까? _____

013 삼각형 ㄱㄴㄷ은 이등변삼각형이고, 삼각형 ㄱㄷㄹ은 정삼각형입니다. 각 ㄱㄴㄷ의 크기는 얼마입니까?

_____

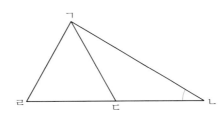

014 칠각형을 삼각형으로 나누려고 합니다. 모두 몇 개의 삼각형으로 나눌 수 있습니까?

_____

015 팔각형의 모든 각의 크기의 합은 얼마입니까? _____

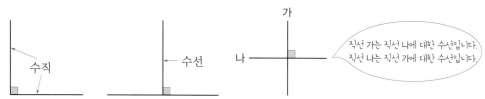

DAY 13 평행과 수직

1 수직과 수선

➡ 두 직선이 만나서 이루는 각이 직각일 때, 두 직선은 서로 수직이라고 합니다.
두 직선이 서로 수직으로 만나면 한 직선을 다른 직선에 대한 수선이라고 합니다.
두 직선이 서로 수직으로 만나면 두 직선이 직교한다고 합니다.

가

수직   ← 수선   나 ―――

직선 가는 직선 나에 대한 수선입니다.
직선 나는 직선 가에 대한 수선입니다.

2 평행과 평행선

➡ 한 직선에 수직인 두 직선을 그리면 두 직선은 서로 만나지 않습니다.
이때 서로 만나지 않는 두 직선을 평행하다고 합니다.

➡ 평행한 두 직선을 평행선이라고 합니다.

평행

평행선(○)   평행선(×)
(만나지 않는다)   (만난다)

➡ 평행선의 한 직선에서 다른 직선에 그은 수선의 길이를 평행선 사이의 거리라고 합니다.

평행선   (평행선 사이의 거리)=(평행선 사이의 수선의 길이)=(최단 거리)

3 수선의 길이

삼각형의 높이는 수선입니다.
수선

➡ 평행선 사이의 선분 중에서 수선의 길이가 가장 짧습니다.

➡ 어떤 한 점과 직선 사이의 거리는 그 점에서 직선에 그은 수선의 길이입니다.

수선 →   가장 짧다
가장 짧다   수선

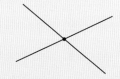 중학교 과정 | 두 직선의 위치 관계

평면에서 두 직선은 다음과 같이 3가지의 위치 관계가 있습니다.

(1) 한 점에서 만난다.   (2) 평행하다. (만나지 않는다.)   (3) 일치한다. (서로 겹친다.)

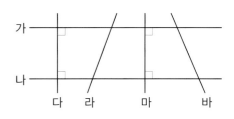

|||| 그림을 보고, ☐ 안에 알맞은 기호를 써넣으시오.

001 서로 평행한 선분은 ☐와 ☐, ☐와 ☐입니다.

002 선분 가와 수직인 선분은 ☐와 ☐입니다.

003 선분 마와 수직인 선분은 ☐와 ☐입니다.

|||| 그림을 보고, 물음에 답하시오.

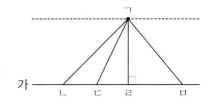

004 선분 ㄱㄴ, ㄱㄷ, ㄱㄹ, ㄱㅁ 중에서 가장 짧은 것은 어느 것인가?

_____

005 점 ㄱ과 직선 가 사이의 거리를 나타내는 선분은 무엇인가?

_____

|||| 선분 ㄱㄹ과 선분 ㄴㄷ 사이의 거리를 구하시오.

006 _____

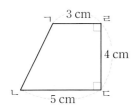

007 _____

008 _____

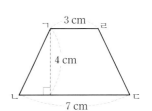

|||| 삼각형 ㄱㄴㄷ의 넓이를 구하려고 합니다. 밑변을 ㄴㄷ으로 할 때, 점 ㄱ에서 밑변 ㄴㄷ에 수선을 그으시오.

009

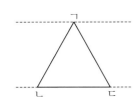

010

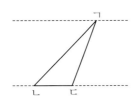

011

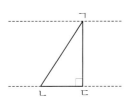

|||| 옳으면 ○표, 틀리면 ×표 하시오.

012 평행한 두 직선은 만나지 않는다. _____

013 한 직선에 수직인 두 직선은 평행선이다. _____

014 평행선 사이의 선분 중에서 수선의 길이가 가장 짧다. _____

DAY 14 사각형

1 사다리꼴

➡ 평행한 변이 한 쌍이라도 있는 사각형

(성질) 마주 보는 한 쌍의 변이 평행합니다.

> 마주 보는 두 쌍의 변이 평행일 때도 사다리꼴입니다.

평행사변형

직사각형

마름모

정사각형

2 평행사변형

➡ 마주 보는 두 쌍의 변이 서로 평행한 사각형

(성질) 마주 보는 두 변의 길이가 같습니다.

> 마름모의 성질과 같습니다.

마주 보는 두 각의 크기가 같고 이웃하는 두 각의 크기의 합이 180°입니다.

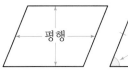

직사각형

마름모

정사각형

3 직사각형

➡ 네 각이 모두 직각인 사각형

(성질) 마주 보는 두 변의 길이가 같습니다.

정사각형

4 마름모

➡ 네 변의 길이가 모두 같은 사각형

(성질) 마주 보는 두 쌍의 변이 서로 평행합니다.

> 평행사변형의 성질과 같습니다.

마주 보는 두 각의 크기가 같고 이웃하는 두 각의 크기의 합이 180°입니다.

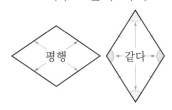

정사각형

5 정사각형

➡ 네 변의 길이가 모두 같고 네 각이 모두 직각인 사각형

> 직사각형과 마름모의 특징을 모두 갖고 있습니다.

(성질) 마주 보는 두 쌍의 변이 서로 평행합니다.

|||| **다음 도형을 찾아 기호를 쓰시오.**

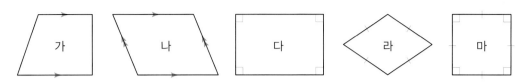

001 사다리꼴 _____

002 평행사변형 _____

003 직사각형 _____

004 마름모 _____

005 정사각형 _____

006 마주 보는 두 변의 길이가 같은 사각형은 어느 것입니까? _____

007 마주 보는 두 각의 크기가 같은 사각형은 어느 것입니까? _____

008 이웃하는 두 각의 크기의 합이 180°인 사각형은 어느 것입니까? _____

|||| **평행사변형을 보고, 다음을 구하시오.**

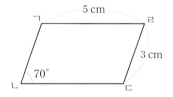

009 변 ㄱㄴ의 길이 _____

010 변 ㄴㄷ의 길이 _____

011 각 ㄱㄹㄷ의 크기 _____

012 각 ㄴㄷㄹ의 크기 _____

|||| **마름모를 보고, 다음을 구하시오.**

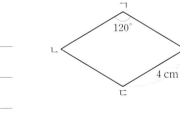

013 변 ㄱㄴ의 길이 _____

014 변 ㄴㄷ의 길이 _____

015 각 ㄴㄷㄹ의 크기 _____

016 각 ㄱㄹㄷ의 크기 _____

1 다각형

➡ 다각형 : 선분으로만 둘러싸인 도형
다각형은 변의 개수에 따라, 변이 6개이면 육각형, 7개
이면 칠각형, 8개이면 팔각형이라고 합니다.

➡ 정다각형 : 변의 길이가 모두 같고, 각의 크기가 모두
같은 다각형

정삼각형   정사각형   정오각형   정육각형

2 대각선

➡ 대각선 : 다각형에서 서로 이웃하지 않는 두 꼭짓점을 이은 선분

삼각형 : 0개   사각형 : 2개   오각형 : 5개   육각형 : 9개

➡ 정사각형은 모든 대각선의 성질을 다 가지고 있습니다.

대각선의 성질 \ 사각형	사다리꼴	평행사변형	마름모	직사각형	정사각형
한 대각선은 다른 대각선을 똑같이 반으로 나눕니다.		○	○	○	○
두 대각선의 길이가 같습니다.				○	○
두 대각선이 서로 수직입니다.			○		○

3 사각형 사이의 관계

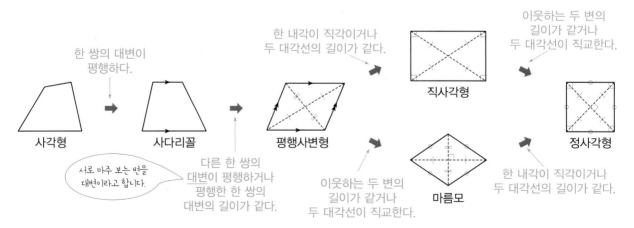

한 쌍의 대변이 평행하다.

서로 마주 보는 변을 대변이라고 합니다.

다른 한 쌍의 대변이 평행하거나 평행한 한 쌍의 대변의 길이가 같다.

한 내각이 직각이거나 두 대각선의 길이가 같다.

이웃하는 두 변의 길이가 같거나 두 대각선이 직교한다.

이웃하는 두 변의 길이가 같거나 두 대각선이 직교한다.

한 내각이 직각이거나 두 대각선의 길이가 같다.

사각형   사다리꼴   평행사변형   직사각형   마름모   정사각형

 중학교 과정 | **대각선의 개수**

(1) n각형의 한 꼭짓점에서 그을 수 있는 대각선의 개수 : $(n-3)$개

(2) n각형에서 그을 수 있는 모든 대각선의 개수 : $\dfrac{n(n-3)}{2}$개

예 사각형 : $4-3=1$(개)

예 사각형 : $\dfrac{4 \times (4-3)}{2} = 2$(개)

|||| 정다각형의 이름을 쓰시오.

001 _____

002 _____

003 _____

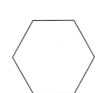

|||| 정구각형에서 다음을 구하시오.

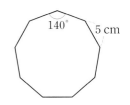

004 정구각형의 둘레의 길이 _____

005 정구각형의 모든 각의 크기의 합 _____

|||| 다음 도형의 한 꼭짓점에서 그을 수 있는 대각선의 개수와 그을 수 있는 모든 대각선의 개수를 구하시오.

006 _____

007 _____

008 _____

|||| 다음 도형을 찾아 기호를 쓰시오.

 가  나   다   라   마

009 한 대각선이 다른 대각선을 똑같이 반으로 나누는 사각형은 어느 것입니까? _____

010 두 대각선의 길이가 같은 사각형은 어느 것입니까? _____

011 두 대각선이 서로 수직인 사각형은 어느 것입니까? _____

012 대각선을 기준으로 접었을 때 완전히 겹쳐지는 사각형은 어느 것입니까? _____

|||| 옳으면 ○표, 틀리면 ×표 하시오.

013 정사각형은 마름모이다. _____

014 평행사변형은 사다리꼴이다. _____

015 마름모이면서 직사각형인 도형은 정사각형이다. _____

DAY 16 다각형의 넓이

1 삼각형의 넓이

➡ (삼각형의 넓이)＝(밑변의 길이)×(높이)÷2

➡ 밑변의 길이와 높이가 같은 삼각형은 모양이 달라도 넓이는 같습니다.

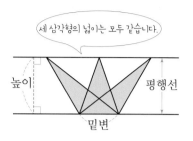

삼각형의 밑변이 직사각형의 가로가 되도록 직사각형을 그리면 삼각형의 넓이는 직사각형 넓이의 절반입니다.

2 직사각형, 정사각형의 넓이

➡ (직사각형의 넓이)＝(가로의 길이)×(세로의 길이)
직사각형의 가로를 밑변, 세로를 높이로 생각하는 것이 좋습니다.

➡ (정사각형의 넓이)＝(한 변의 길이)×(한 변의 길이)

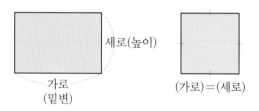

3 평행사변형의 넓이

➡ (평행사변형의 넓이)＝(밑변의 길이)×(높이)
＝(직사각형의 넓이)＝(가로의 길이)×(세로의 길이)

➡ 밑변의 길이와 높이가 같은 평행사변형은 모양이 달라도 넓이는 같습니다.

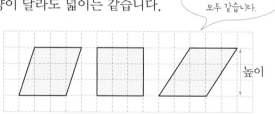

4 마름모의 넓이

➡ (마름모의 넓이)＝(한 대각선의 길이)×(다른 대각선의 길이)÷2
직사각형의 가로의 길이   직사각형의 세로의 길이   직사각형 넓이의 절반

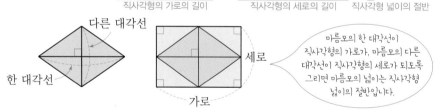

5 사다리꼴의 넓이

➡ (사다리꼴의 넓이)＝{(윗변의 길이)＋(아랫변의 길이)}×(높이)÷2
평행사변형의 밑변의 길이   평행사변형의 높이
평행사변형 넓이의 절반

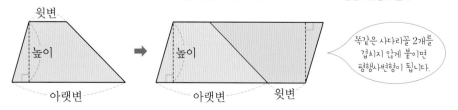

친절한 풀이 p. 61

|||| 색칠한 도형의 넓이를 구하시오.

001 _____

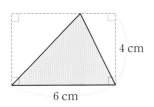

4 cm
6 cm

002 _____

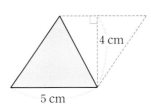

4 cm
5 cm

003 _____

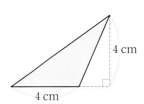

4 cm
4 cm

004 _____

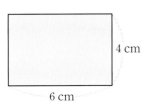

4 cm
6 cm

005 _____

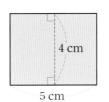

4 cm
5 cm

006 _____

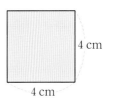

4 cm
4 cm

007 _____

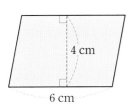

4 cm
6 cm

008 _____

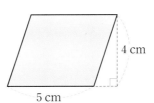

4 cm
5 cm

009 _____

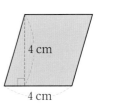

4 cm
4 cm

010 _____

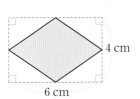

4 cm
6 cm

011 _____

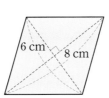

6 cm   8 cm

012 _____

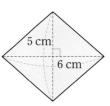

5 cm
6 cm

013 _____

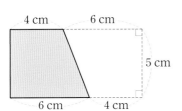

4 cm   6 cm
5 cm
6 cm   4 cm

014 _____

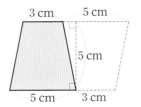

3 cm   5 cm
5 cm
5 cm   3 cm

015 _____

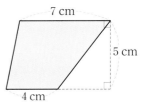

7 cm
5 cm
4 cm

||||| ☐ 안에 알맞은 수를 써넣으시오.

001 _____

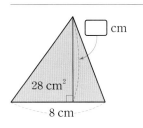

☐ cm

28 cm²

8 cm

002 _____

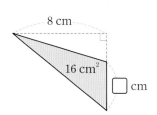

8 cm

16 cm²

☐ cm

003 _____

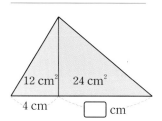

12 cm² 24 cm²

4 cm   ☐ cm

004 _____

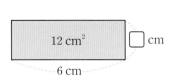

12 cm² ☐ cm

6 cm

005 _____

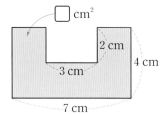

☐ cm²

2 cm

3 cm   4 cm

7 cm

006 _____

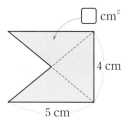

☐ cm²

4 cm

5 cm

007 _____

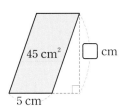

45 cm² ☐ cm

5 cm

008 _____

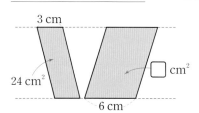

3 cm

24 cm²   ☐ cm²

6 cm

009 _____

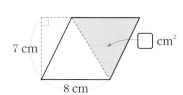

7 cm   ☐ cm²

8 cm

010 _____

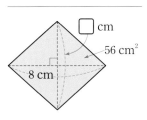

☐ cm

56 cm²

8 cm

011 _____

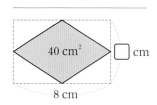

40 cm² ☐ cm

8 cm

012 _____

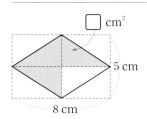

☐ cm²

5 cm

8 cm

013 _____

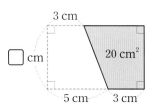

3 cm

☐ cm   20 cm²

5 cm   3 cm

014 _____

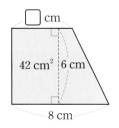

☐ cm

42 cm² 6 cm

8 cm

015 _____

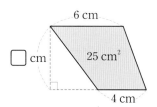

6 cm

☐ cm   25 cm²

4 cm

||||| 색칠한 도형의 넓이를 구하시오,

001 _____

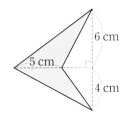

7 cm

2 cm 6 cm

002 _____

6 cm

5 cm

4 cm

003 _____

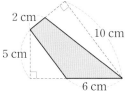

2 cm

10 cm

5 cm

6 cm

||||| 물음에 답하시오.

004 넓이가 9 cm²인 정사각형이 있습니다. 이 정사각형의 한 변의 길이를 2배로 늘린 도형의 넓이는 몇 cm²입니까?

_____

005 삼각형 ㄱㄹㄷ의 넓이는 삼각형 ㄱㄴㄹ의 넓이의 2배입니다. 변 ㄴㄷ의 길이는 몇 cm입니까?

_____

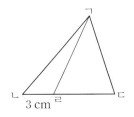

ㄱ

ㄴ ㄹ ㄷ
3 cm

006 다음 두 도형의 넓이가 서로 같습니다. ◻ 안에 들어갈 수는 얼마입니까?

_____

◻ cm

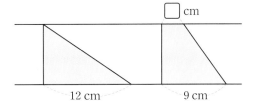

12 cm   9 cm

007 다음 도형의 색칠한 부분의 넓이는 몇 cm²입니까?

_____

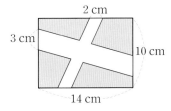

2 cm

3 cm

10 cm

14 cm

008 다음 도형에서 삼각형 ㄹㄷㅁ의 넓이는 12 cm²입니다. 삼각형 ㄱㄴㄹ의 넓이는 몇 cm²입니까?

_____

ㄱ

6 cm

ㅁ

4 cm

ㄴ ㄹ 12 cm ㄷ
3 cm

DAY 17 합동

1 합동

➡ 모양과 크기가 같아서 포개었을 때, 완전히 겹쳐지는 두 도형을 합동이라고 합니다.

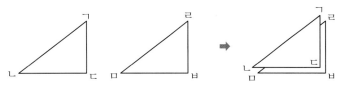

삼각형 ㄱㄴㄷ과 삼각형 ㄹㅁㅂ은 서로 합동입니다.

2 대응점, 대응변, 대응각

➡ 대응점은 겹치는 점입니다.

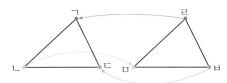

점 ㄱ ↔ 점 ㄹ
점 ㄴ ↔ 점 ㅁ
점 ㄷ ↔ 점 ㅂ

> 두 도형의 합동을 표현하거나 대응변, 대응각을 찾을 때는 대응점의 순서를 맞춰 써야 합니다.

➡ 대응변은 겹치는 변입니다.

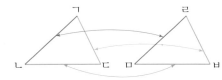

변 ㄱㄴ ↔ 변 ㄹㅁ
변 ㄴㄷ ↔ 변 ㅁㅂ
변 ㄱㄷ ↔ 변 ㄹㅂ

➡ 대응각은 겹치는 각입니다.

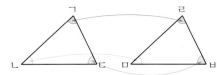

각 ㄱㄴㄷ ↔ 각 ㄹㅁㅂ
각 ㄱㄷㄴ ↔ 각 ㄹㅂㅁ
각 ㄴㄱㄷ ↔ 각 ㅁㄹㅂ

3 합동인 도형의 성질

➡ 두 도형이 합동이면 대응변의 길이는 서로 같습니다.
➡ 두 도형이 합동이면 대응각의 크기는 서로 같습니다.
➡ 합동인 두 도형의 넓이는 같습니다. 그러나 넓이가 같다고 해서 두 도형이 반드시 합동인 것은 아닙니다.

중학교 과정 | 삼각형의 합동과 닮음

(1) 합동의 기호 '≡'를 써서 '삼각형 ㄱㄴㄷ≡삼각형 ㄹㅁㅂ'이라고 씁니다.

(2) 도형을 일정한 비율로 확대하거나 축소한 것이 다른 도형과 합동 일 때, 이 두 도형은 서로 닮음인 관계가 있다고 합니다. 닮음인 관계가 있는 두 도형을 닮은 도형이라고 합니다.

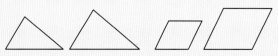

(3) 두 삼각형은 다음 각 경우에 합동입니다.

  ① 대응하는 세 변의 길이가 각각 같을 때
  ② 대응하는 두 변의 길이가 각각 같고, 그 끼인각의 크기가 같을 때
  ③ 대응하는 한 변의 길이가 같고, 그 양 끝각의 크기가 각각 같을 때

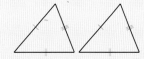 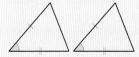 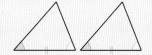

친절한 풀이 p. 65

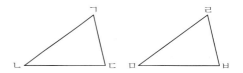

||||| 삼각형 ㄱㄴㄷ과 삼각형 ㄹㅁㅂ이 합동입니다. 다음을 구하시오.

001 점 ㄱ의 대응점 _____

002 변 ㄴㄷ의 대응변 _____

003 각 ㄱㄴㄷ의 대응각 _____

||||| 삼각형 ㄱㄴㄷ과 삼각형 ㄹㅁㅂ이 합동입니다. 변 ㄹㅂ의 길이를 구하시오.

004 _____

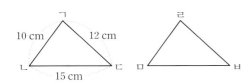

005 _____

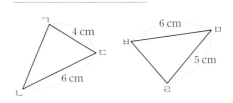

||||| 삼각형 ㄱㄴㄷ과 삼각형 ㄹㅁㅂ이 합동입니다. 각 ㄹㅂㅁ의 크기를 구하시오.

006 _____

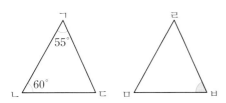

007 _____

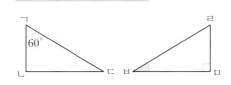

||||| 삼각형 ㄱㄴㄷ과 삼각형 ㄹㅁㅂ은 합동입니다. 다음을 구하시오.

008 각 ㄱㄴㄷ의 크기 _____

009 각 ㄱㄷㄴ의 크기 _____

010 변 ㄱㄴ의 길이 _____

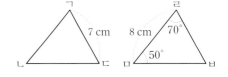

011 각 ㄴㄱㄷ의 크기 _____

012 각 ㄱㄷㄴ의 크기 _____

013 변 ㄹㅁ의 길이 _____

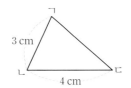
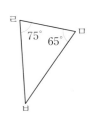

DAY 18 원

1 원주와 원주율

➡ 원 : 원의 중심에서 일정한 거리에 있는 점들을 이어서 만든 도형

➡ 원주 : 원의 둘레

➡ $(원주율)=\dfrac{(원의\ 둘레의\ 길이)}{(원의\ 지름의\ 길이)}=3.141592\cdots$

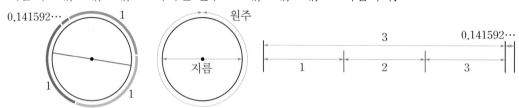
원의 지름에 대한 원주의 비율

① 원의 크기에 관계없이 항상 일정합니다.

② 모든 원의 둘레는 지름의 약 3배(원주율)입니다.

③ 3, 3.1, 3.14 등으로 줄여서 씁니다. 중학교 과정에서는 π(파이)로 씁니다.

④ 지름이 2배, 3배, 4배, … 커지면 원주도 2배, 3배, 4배, … 커집니다.

➡ (원주)=(지름)×(원주율)

　　　＝(반지름)×2×(원주율)

2 원의 넓이

➡ 원의 넓이는 원을 한없이 잘게 잘라 이어 붙여 만든 직사각형의 넓이와 같습니다.

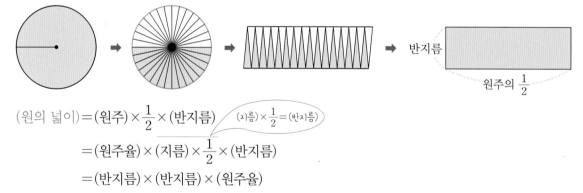
반지름
원주의 $\dfrac{1}{2}$

$(원의\ 넓이)=(원주)\times\dfrac{1}{2}\times(반지름)$ 　$(지름)\times\dfrac{1}{2}=(반지름)$

　　　　　　$=(원주율)\times(지름)\times\dfrac{1}{2}\times(반지름)$

　　　　　　$=(반지름)\times(반지름)\times(원주율)$

➡ 원의 지름 또는 반지름이 2배, 3배, 4배, … 커지면 넓이는 2×2배, 3×3배, 4×4배, … 커집니다.

중학교 과정 | 원의 둘레의 길이와 넓이

(1) 평면 위의 한 점(원의 중심)에서 일정한 거리(원의 반지름)에 있는 모든 점들로 이루어진 도형을 원이라고 합니다.

(2) 반지름의 길이가 r인 원의 둘레의 길이를 l이라 할 때, $l=2\times\pi\times r$입니다.

(3) 반지름의 길이가 r인 원의 넓이를 S라 할 때 $S=\pi\times r\times r$입니다.

|||| 원주를 구하시오. (원주율 ; 3)

001 _____

6 cm

002 _____

8 cm

003 _____

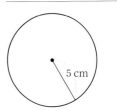

5 cm

|||| 원의 넓이를 구하시오. (원주율 ; 3)

004 _____

4 cm

005 _____

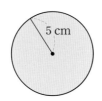

5 cm

006 _____

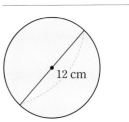

12 cm

|||| 색칠한 부분의 넓이를 구하시오. (원주율 ; 3)

007 _____

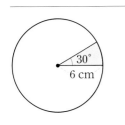

30°
6 cm

008 _____

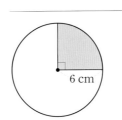

6 cm

009 _____

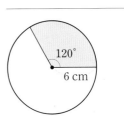

120°
6 cm

010 _____

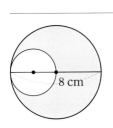

8 cm

011 _____

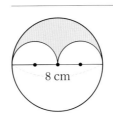

8 cm

012 _____

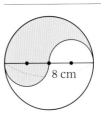

8 cm

|||| 옳으면 ○표, 틀리면 ×표 하시오.

013 원의 반지름이 2배 커지면 원주율도 2배 커진다. _____

014 원의 지름이 2배 커지면 원주도 2배 커진다. _____

015 원의 반지름이 2배 커지면 원의 넓이는 4배 커진다. _____

||||| 색칠한 부분의 둘레의 길이를 구하시오. (원주율 ; 3)

001 _____
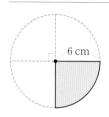

002 _____
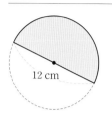

003 _____
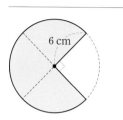

||||| 색칠한 부분의 넓이를 구하시오. (원주율 ; 3)

004 _____
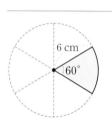

005 _____
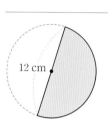

006 _____
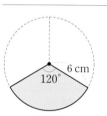

007 _____
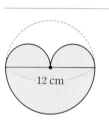

008 _____
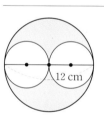

009 _____
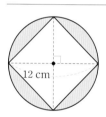

010 _____
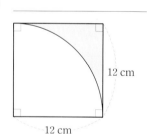

011 _____
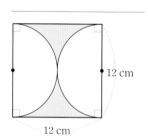

012 _____
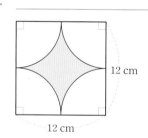

||||| 옳으면 ○표, 틀리면 ×표 하시오.

013 원주율은 원의 크기에 따라 달라진다. _____

014 원의 중심을 지나는 직선은 원을 이등분한다. _____

015 원주는 원의 지름의 3배보다 길고 원의 지름의 4배보다 짧다. _____

||||| 색칠한 부분의 넓이를 구하시오. (원주율 ; 3)

001

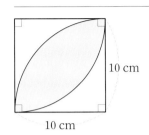

10 cm

10 cm

002

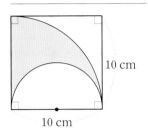

10 cm

10 cm

003

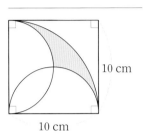

10 cm

10 cm

||||| 반지름의 길이가 10 cm인 원을 다음과 같이 끈으로 한 번 묶었습니다. 묶은 끈의 길이를 구하시오.

(단, 매듭은 무시하고 원주율은 3으로 계산합니다.)

004

10 cm

005

10 cm

006

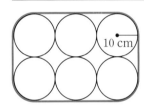

10 cm

||||| 물음에 답하시오.

007 그림과 같이 반지름의 길이가 3 cm인 원이 한 변의 길이가 10 cm인 정삼각형의 둘레를 한 바퀴 돌았습니다. 원이 지나간 넓이와 원의 중심이 움직인 거리를 차례대로 구하시오. (원주율 ; 3)

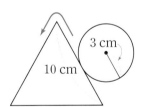

3 cm

10 cm

008 그림과 같이 반지름의 길이가 3 cm인 원이 가로의 길이가 10 cm, 세로의 길이가 5 cm인 직사각형의 둘레를 한 바퀴 돌았습니다. 원이 지나간 넓이와 원의 중심이 움직인 거리를 차례대로 구하시오. (원주율 ; 3)

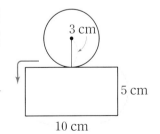

3 cm

5 cm

10 cm

DAY 19 직육면체와 정육면체

1 직육면체와 정육면체

➡ 직육면체 : 직사각형 6개로 둘러싸인 도형
　정육면체 : 정사각형 6개로 둘러싸인 도형

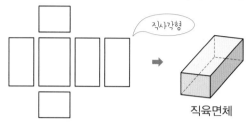

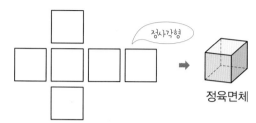

➡ 정사각형이 직사각형인 것과 같이 정육면체는 직육면체입니다.

2 직육면체의 구성 요소

➡ 면　　: 선분으로 둘러싸인 부분
　모서리 : 면과 면이 만나는 선분
　꼭짓점 : 모서리와 모서리가 만나는 점
➡ 밑면　: 서로 마주 보고 있는 평행한 두 면(3쌍)
　옆면　: 밑면과 수직인 면(4개)

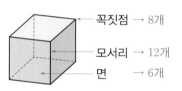

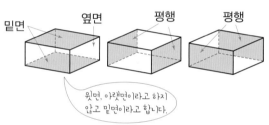

3 직육면체와 정육면체의 부피

➡ (직육면체의 부피)＝(가로의 길이)×(세로의 길이)×(높이)
　　　　　　　　　＝(밑면의 넓이)×(높이)
　(정육면체의 부피)＝(한 모서리의 길이)×(한 모서리의 길이)×(한 모서리의 길이)

4 직육면체와 정육면체의 겉넓이

옆면은 모두 4개입니다.

➡ (직육면체의 겉넓이)＝(한 밑면의 넓이)×2＋(옆면의 넓이)
　(정육면체의 겉넓이)＝(한 면의 넓이)×6
➡ 직육면체와 정육면체의 겉넓이는 전개도의 넓이와 같습니다.

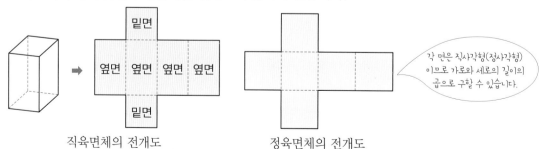

각 면은 직사각형(정사각형)
이므로 가로와 세로의 길이의
곱으로 구할 수 있습니다.

직육면체의 전개도　　　　　정육면체의 전개도

|||| **직육면체를 보고, 물음에 답하시오.**

001 면의 개수는 모두 몇 개입니까? _____

002 모서리의 개수는 모두 몇 개입니까? _____

003 세 모서리가 만나는 점은 모두 몇 개입니까? _____

004 크기가 같은 면은 모두 몇 쌍입니까? _____

|||| **정육면체를 보고, 다음을 구하시오.**

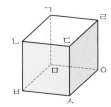

005 면 ㄱㄴㄷㄹ과 평행인 면 _____

006 면 ㄴㅂㅅㄷ과 수직인 면 _____

007 꼭짓점 ㄱ에 모인 면 _____

|||| **직육면체의 부피를 구하시오.**

008 _____

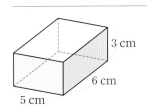

009 _____

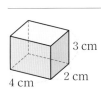

010 _____

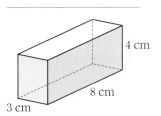

|||| **직육면체의 겉넓이를 구하시오.**

011 _____

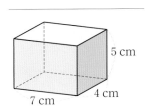

012 _____

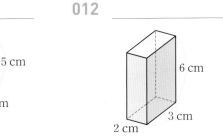

013 _____

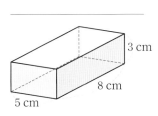

|||| **정육면체를 보고, 다음을 구하시오.**

014 모서리의 길이의 합 _____

015 부피 _____

016 겉넓이 _____

||||| **직육면체를 보고, 물음에 답하시오. (단, 색칠한 면은 ㄱㄴㅂㅁ입니다.)**

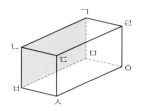

001 색칠한 면과 평행인 면을 구하시오. ＿＿＿＿＿＿＿＿＿

002 색칠한 면과 수직인 면을 모두 구하시오. ＿＿＿＿＿＿＿＿＿

003 직육면체에서 서로 평행한 면은 모두 몇 쌍입니까? ＿＿＿＿＿＿＿＿＿

||||| **다음 전개도를 접어서 만들 수 있는 직육면체의 겉넓이는 몇 cm²인지 구하시오.**

004 ＿＿＿＿＿＿＿＿＿＿＿＿＿＿＿＿

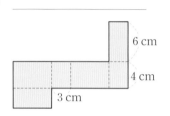

005 ＿＿＿＿＿＿＿＿＿＿＿＿＿＿＿＿

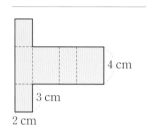

006 ＿＿＿＿＿＿＿＿＿＿＿＿＿＿＿＿

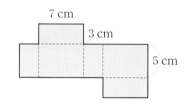

||||| **다음을 만족하는 정육면체의 부피는 몇 cm³입니까?**

007 모든 모서리의 합이 60 cm입니다. ＿＿＿＿＿＿＿＿＿

008 겉넓이가 24 cm²입니다. ＿＿＿＿＿＿＿＿＿

||||| **물음에 답하시오.**

009 부피가 64 cm³인 정육면체의 한 모서리의 길이는 몇 cm입니까? ＿＿＿＿＿＿＿＿＿

010 한 모서리의 길이가 4 cm인 정육면체의 부피는 한 모서리의 길이가 2 cm인 정육면체의 부피의 몇 배입니까? ＿＿＿＿＿＿＿＿＿

011 그림과 같은 전개도를 접어서 만들 수 있는 정육면체의 부피는 몇 cm³입니까? ＿＿＿＿＿＿＿＿＿

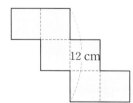

|||| **옳으면 ○표, 틀리면 ×표 하시오.**

001 어떤 직육면체의 가로의 길이가 2배로 커지면 부피는 2배로 커집니다. _____

002 어떤 정육면체의 한 모서리의 길이가 2배로 커지면 부피는 8배로 커집니다. _____

003 어떤 직육면체의 높이가 2배로 커지면 겉넓이는 4배로 커집니다. _____

004 어떤 정육면체의 한 모서리의 길이가 2배로 커지면 겉넓이는 4배로 커집니다. _____

|||| **물음에 답하시오.**

005 한 모서리의 길이가 12 cm인 정육면체 모양의 상자에 크기가 일정한 정사각형 모양의 색종이를 겹치지 않게 54장 붙였더니 빈틈없이 붙일 수 있었습니다. 이 색종이의 한 변의 길이는 몇 cm입니까?

_____

006 두 직육면체의 부피가 같습니다. ☐ 안에 알맞은 수를 구하시오.

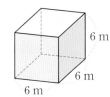 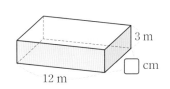

007 직육면체의 전개도에서 면 ㄱㄴㄷㄹ의 넓이는 56 cm²입니다. 빗금 친 면이 이 직육면체의 한 밑면일 때, 모든 옆면의 넓이의 합은 몇 cm²입니까?

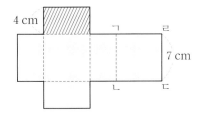

DAY 20 각기둥과 각뿔

1 각기둥

➡ 각기둥 : 두 밑면이 서로 평행하고 합동인 다각형이고, 옆면이 모두 직사각형인 입체도형
밑면의 모양이 ○각형인 각기둥을 ○각기둥이라고 합니다.

삼각기둥   사각기둥   오각기둥

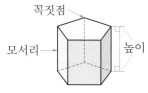

평행하고 합동인 두 면을 밑면이라고 합니다. 이때 위쪽에 있는 면을 윗면이라고 하지 않습니다.

➡ ○각기둥의 면의 개수   : ○+2
○각기둥의 모서리의 개수 : ○×3
○각기둥의 꼭짓점의 개수 : ○×2
이때 ○를 밑면의 변의 개수로 바꿔서 생각할 수 있습니다.
오각기둥은 밑면이 오각형이므로 면의 개수는 5+2=7(개), 모서리의 개수는 5×3=15(개),
꼭짓점의 개수는 5×2=10(개)입니다.

2 각뿔

옆면이 모두 이등변삼각형인 각뿔을 주로 다룹니다.

➡ 각뿔 : 밑면이 다각형이고 옆면이 모두 삼각형인 입체도형
밑면의 모양이 ○각형인 각뿔을 ○각뿔이라고 합니다.

삼각뿔   사각뿔   오각뿔

➡ ○각뿔의 면의 개수   : ○+1
○각뿔의 모서리의 개수 : ○×2
○각뿔의 꼭짓점의 개수 : ○+1
이때 ○를 밑면의 변의 개수로 바꿔서 생각할 수 있습니다.
오각뿔은 밑면이 오각형이므로 면의 개수는 5+1=6(개),
모서리의 개수는 5×2=10(개), 꼭짓점의 개수는 5+1=6(개)
입니다.

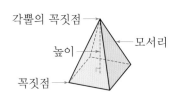

❶ 각뿔의 꼭짓점에서 밑면에 수직으로 내린 선분을 높이라고 합니다.
❷ 꼭짓점 중에서 옆면이 모두 만나는 점을 각뿔의 꼭짓점이라고 합니다.

 중학교 과정 | **각기둥과 각뿔의 겉넓이와 부피**

(1) (각기둥의 겉넓이)=(한 밑면의 넓이)×2+(옆넓이)

(2) (각기둥의 부피)=(한 밑면의 넓이)×(높이)

(3) (각뿔의 겉넓이)=(밑면의 넓이)+(옆넓이)

(4) (각뿔의 부피)=$\frac{1}{3}$×(밑면의 넓이)×(높이) ⬅ 각뿔의 부피는 각기둥의 부피의 $\frac{1}{3}$입니다.

|||| **각기둥을 보고, 다음을 구하시오.**

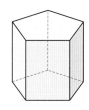

001 각기둥의 이름 　_____

002 면의 개수 　_____

003 모서리의 개수 　_____

004 꼭짓점의 개수 　_____

|||| **각뿔을 보고, 다음을 구하시오.**

005 각뿔의 이름 　_____

006 면의 개수 　_____

007 모서리의 개수 　_____

008 꼭짓점의 개수 　_____

|||| **전개도가 다음과 같은 각기둥의 겉넓이를 구하시오.**

009 _____

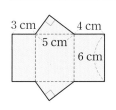

010 _____

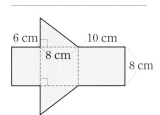

011 _____

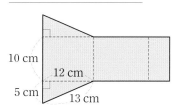

|||| **도형의 부피를 구하시오.**

012 _____

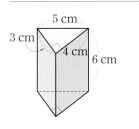

013 _____

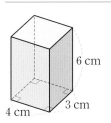

014 _____

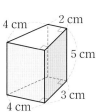

015 _____

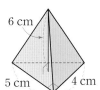

016 _____

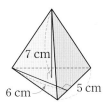

017 _____

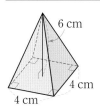

DAY 21 원기둥, 원뿔, 구

1 원기둥

➡️ 원기둥 : 두 밑면이 서로 평행하고 합동인 원으로 이루어진 기둥 모양의 입체도형

➡️ (겉넓이)＝(한 밑면의 넓이)×2＋(옆면의 넓이)

위에서 보면 원이고 앞(또는 옆)에서 보면 직사각형입니다.

(한 밑면의 넓이)＝(원의 넓이)＝(반지름)×(반지름)×(원주율)

(옆면의 넓이)＝(직사각형의 넓이)＝(밑면의 둘레)×(높이) ← (밑면의 둘레)＝(밑면의 지름)×(원주율)

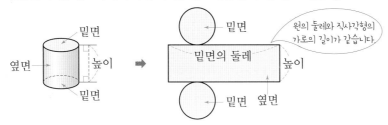

원의 둘레와 직사각형의 가로의 길이가 같습니다.

➡️ (부피)＝(한 밑면의 넓이)×(높이)
＝(반지름)×(반지름)×(원주율)×(높이)

2 원뿔

➡️ 원뿔 : 평평한 면이 원이고 옆을 둘러싼 면이 굽은 면인 뿔 모양의 입체도형
원뿔의 꼭짓점과 밑면의 둘레의 한 점을 이은 선분을 모선이라고 합니다.
원뿔의 꼭짓점에서 밑면에 수직으로 내린 선분의 길이를 높이라고 합니다.

3 구

어느 쪽에서 보아도 똑같은 원 모양입니다.

➡️ 구 : 공 모양의 입체도형
구에서 가장 안쪽에 있는 점을 구의 중심이라 합니다.
구의 중심에서 구의 겉면의 한 점을 이은 선분을 구의 반지름이라 합니다.

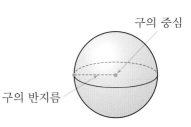

4 원기둥, 원뿔, 구 만들기

➡️ 직사각형의 한 변을 기준으로(회전축으로) 한 바퀴 돌리면 원기둥이 됩니다.
직각삼각형의 빗변이 아닌 한 변을 기준으로 한 바퀴 돌리면 원뿔이 됩니다.
반원의 지름을 기준으로 한 바퀴 돌리면 구가 됩니다.

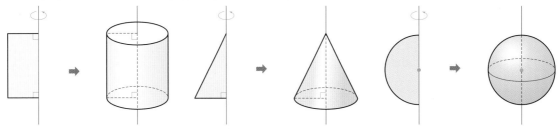

|||| 원기둥을 보고, 다음을 구하시오. (원주율; 3)

001 한 밑면의 넓이 _____

002 옆면의 넓이 _____

003 원기둥의 겉넓이 _____

004 원기둥의 부피 _____

|||| 원기둥의 겉넓이와 부피를 구하시오. (원주율; 3)

005 _____

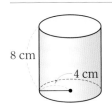

006 _____

007 _____

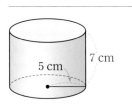

|||| 물음에 답하시오. (원주율 ; 3)

008 어떤 평면도형을 한 변을 기준으로 한 바퀴 돌려서 만든 원기둥입니다. 돌리기 전의 평면도형의 넓이는 몇 cm²입니까? _____

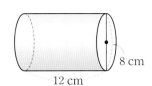

009 그림은 원기둥의 전개도입니다. 원기둥의 옆면의 둘레의 길이는 몇 cm입니까?

_____

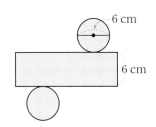

010 그림은 원기둥과 원기둥의 전개도입니다. 전개도의 둘레의 길이는 몇 cm입니까? _____

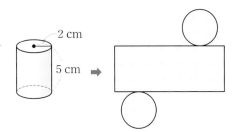

011 그림과 같은 전개도로 만들어지는 입체도형의 겉넓이는 몇 cm²입니까?

_____

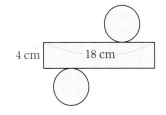

DAY 22 비, 비율, 백분율

1 비

➡ 비 : 두 수 ○, □를 비교할 때, 기호 :을 사용하여 ○ : □로 나타낸 것
  _{전항} _{후항}

➡ ○ : □를 읽는 방법

① ○ 대 □
② □(기준량)에 대한 ○의 비
③ ○의 □(기준량)에 대한 비
④ ○와 □의 비

○ : □
비교하는 양   기준량

2 비율

➡ 기준량에 대한 비교하는 양의 크기를 비율이라 합니다.

$$(비율) = (비교하는 양) \div (기준량) = \frac{(비교하는 양)}{(기준량)}$$

$$(비교하는 양) = (기준량) \times (비율)$$

비 3:4를 비율로 나타내면 $(비율) = \frac{(비교하는 양)}{(기준량)} = \frac{3}{4}$ 또는 0.75입니다.

비교하는 양은 분자로
$3 : 4 \Rightarrow \frac{3}{4}$
기준량은 분모로

(비) ■ : ●   → $\frac{■}{●} = ■ \div ●$ (비율)

비교하는 양(전항) ---- 기준량(후항)

3 백분율

➡ 기준량인 분모를 100으로 할 때의 비율을 백분율이라 하고, 기호 %(퍼센트) 사용하여 나타냅니다.
  _{percent}

$$(백분율) = (비율) \times 100(\%)$$

비 3 : 4 → 비율 $\frac{3}{4}$

백분율 방법1 분모가 100인 분수 만들기

$$\frac{3}{4} = \frac{3 \times 25}{4 \times 25} = \frac{75}{100} = 75(\%)$$

백분율 방법2 비율에 100을 곱하기

$$\frac{3}{4} \times \overset{25}{\underset{1}{100}} = 75(\%)$$

작은 정사각형이
75개입니다.

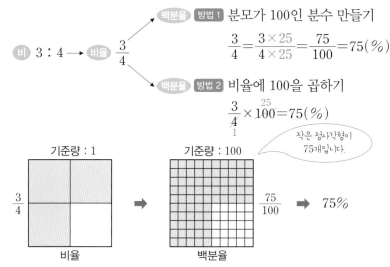

기준량 : 1   기준량 : 100

$\frac{3}{4}$ $\frac{75}{100}$ ➡ 75%

비율   백분율

➡ 백분율을 비율로 바꾸는 방법은 먼저 %를 떼고, 100으로 나눕니다.

$$75\% \rightarrow 75 \rightarrow \frac{75}{100} \rightarrow 0.75$$

중학교 과정 | 거리, 속력, 시간의 관계

$$(거리) = (속력) \times (시간), \quad (속력) = \frac{(거리)}{(시간)}, \quad (시간) = \frac{(거리)}{(속력)}$$

예 3시간 동안 60 km를 간 자전거의 속력은 시속 20 km입니다.

|||| 비를 구하시오.

001 _____

4 대 5

002 _____

4에 대한 3의 비

003 _____

12의 15에 대한 비

|||| 그림을 보고, 전체에 대한 색칠한 부분의 비를 쓰시오.

004 _____

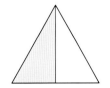

005 _____

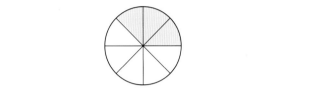

006 _____

|||| 비의 값을 분수와 소수로 나타내려고 합니다. ☐ 안에 알맞은 수를 써넣으시오.

007 $3 : 7 \Rightarrow \dfrac{\boxed{}}{7}$

008 $2 : 5 \Rightarrow \dfrac{2}{\boxed{}} = \dfrac{\boxed{}}{10}$

009 $\dfrac{9}{12} \Rightarrow \dfrac{75}{\boxed{}} = \boxed{}$

|||| 비의 값을 백분율로 나타내시오.

010 $1 : 4$ **011** $4 : 5$ _____

012 $7 : 25$ **013** 0.7 _____

014 0.25 **015** 0.57 _____

|||| 그림을 보고, 색칠한 부분은 전체의 몇 %인지 구하시오.

016 _____

017 _____

018 _____

|||| 비 2 : 3을 읽는 방법으로 옳으면 ○표, 틀리면 ×표 하시오.

001 2 대 3

_____

002 2에 대한 3의 비

_____

003 3에 대한 2의 비

_____

004 2의 3에 대한 비

_____

|||| 비의 비율을 백분율로 나타내시오.

005 _____

3 : 5

006 _____

3 : 10

007 _____

3 : 25

|||| 철수네 반 친구들이 가장 좋아하는 계절을 조사한 표입니다. 물음에 답하시오.

계절	봄	여름	가을	겨울	합계
좋아하는 친구 수	10	5	7	3	25

008 봄을 가장 좋아하는 친구 수에 대한 겨울을 가장 좋아하는 친구 수의 비를 비율로 나타내시오.

_____

009 봄을 가장 좋아하는 친구 수에 대한 여름을 가장 좋아하는 친구 수의 비를 백분율로 나타내시오.

_____

010 가을을 가장 좋아하는 친구는 전체의 몇 %입니까?

_____

|||| 물음에 답하시오.

011 게임 대회에 참가한 전체 학생은 25명이고 남학생은 18명입니다. 여학생 수에 대한 남학생 수의 비를 구하시오.

_____

012 둘레의 길이가 40 cm이고 가로의 길이가 9 cm인 직사각형이 있습니다. 세로의 길이에 대한 가로의 길이의 비를 비율로 나타내시오.

_____

013 철수는 수학 시험에서 25문제 중에서 19문제를 맞혔습니다. 맞힌 문제 수는 전체 문제 수의 몇 %입니까?

||||| **빈 칸을 채우시오.**

001   $0.07 =$ _____ %

002   $0.12 =$ _____ %

003   $\dfrac{4}{5} =$ _____ %

004   $\dfrac{3}{4} =$ _____ %

005   $15\% =$ _____ (기약분수로)

006   $25\% =$ _____ (기약분수로)

007   $700\,\text{g}$의 40%는 _____ g입니다.

008   800원의 25%는 _____ 원입니다.

||||| **물음에 답하시오.**

009   자동차를 타고 2시간 동안 180 km를 갔습니다. 걸린 시간에 대한 간 거리의 비율은 얼마입니까?

010   자동차를 타고 4시간 동안 280 km를 갔습니다. 이 자동차의 속력은 시속 몇 km입니까? (단, 속력은 자동차가 움직인 거리를 자동차가 움직인 시간으로 나눈 값입니다.)

011   전체 타수 50개 중 안타가 20개인 야구선수의 타율은 얼마입니까? (단, 전체 타수에 대한 안타 수의 비율을 타율이라고 합니다.)

012   원래 가격이 3000원인 제품을 할인하여 판매하는 가격이 2100원일 때, 할인율은 몇 %입니까? (단, 원래 가격에 대한 할인한 가격의 비율을 백분율로 나타낸 것을 할인율이라고 합니다.)

013   마라톤 대회에 4000명이 참가했습니다. 그 중에서 결승점에 도착한 사람은 1000명입니다. 결승점에 도착한 사람의 수는 마라톤 대회에 참가한 사람의 수의 몇 %입니까?

DAY 23 비의 성질

1 비의 성질

➡ 비의 전항과 후항에 각각 0이 아닌 같은 수를 곱하거나 나누어도 비율은 같습니다.

➡ (비 ○ : □의 비율) $= \dfrac{○}{□}$

(비 ○×△ : □×△의 비율)$= \dfrac{○×△}{□×△} = \dfrac{○×△÷△}{□×△÷△} = \dfrac{○}{□}$

(비 ○÷△ : □÷△의 비율)$= \dfrac{○÷△}{□÷△} = \dfrac{○÷△×△}{□÷△×△} = \dfrac{○}{□}$

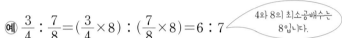

➡ 간단한 자연수의 비로 나타내기

(소수) : (소수) 비의 전항과 후항에 10, 100, …을 곱합니다.

예 $0.2 : 0.3 = (0.2×10) : (0.3×10) = 2 : 3$

(분수) : (분수) 비의 전항과 후항에 분모의 최소공배수를 곱합니다.

예 $\dfrac{3}{4} : \dfrac{7}{8} = \left(\dfrac{3}{4}×8\right) : \left(\dfrac{7}{8}×8\right) = 6 : 7$ 〔4와 8의 최소공배수는 8입니다.〕

(큰 자연수) : (큰 자연수) 비의 전항과 후항을 두 수의 최대공약수로 나눕니다.

예 $120 : 160 = (120÷40) : (160÷40) = 3 : 4$ 〔120과 160의 최대공약수는 40입니다.〕

2 비례식

➡ 비례식 : 비율이 같은 두 비를 기호 '='를 사용하여 나타낸 식

비	비율	비례식
3 : 4 ➡	$\dfrac{3}{4}$	➡ 3 : 4 = 6 : 8
6 : 8 ➡	$\dfrac{6}{8} = \dfrac{3}{4}$	외항 내항 내항 외항

3 비례식의 성질

➡ 비례식 (외항) : (내항)=(내항) : (외항)에서 외항의 곱과 내항의 곱은 같습니다.

외항의 곱 : 3×8=24
내항의 곱 : 4×6=24

$3 : 4 = 6 : 8$ ➡ $\dfrac{3}{4} \times\!\!\!\times \dfrac{6}{8}$ $\begin{matrix}6×4=24\\3×8=24\end{matrix}$

$6×4=3×8$

➡ $○×3=□×2 \rightarrow ○ : □=2 : 3$

$\dfrac{○}{3} = \dfrac{□}{2}$ $\rightarrow ○ : □=3 : 2$

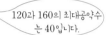

$■ : ● = ▲ : ★ \longleftrightarrow \dfrac{■}{●} = \dfrac{▲}{★} \longleftrightarrow ■ × ★ = ▲ × ●$

4 비례배분

➡ 비례배분 : 전체를 주어진 비로 배분하는 것(나누는 것)

△(전체)를 ○ : □로 비례배분하기 : $△ × \dfrac{○}{○+□}$, $△ × \dfrac{□}{○+□}$

예 과자 10개를 희권이와 정국이가 2 : 3으로 나누어 갖는다면 각각 몇 개씩 가질 수 있을까요?

희권 : $10 × \dfrac{2}{2+3} = 4(개)$, 정국 : $10 × \dfrac{3}{2+3} = 6(개)$ ← 비례배분한 결과 (4, 6)을 모두 더하면 원래의 수 10이 됩니다.

||||| ☐ 안에 알맞은 수를 써넣으시오.

001 $2 : 3 = (2 \times 2) : (3 \times \square) = (2 \times \square) : (3 \times 3)$

002 $18 : 24 = (18 \div \square) : (24 \div 2) = (18 \div 3) : (24 \div \square)$

003 $\dfrac{1}{6} : \dfrac{1}{3} = \left(\dfrac{1}{6} \times 2\right) : \left(\dfrac{1}{3} \times \square\right) = \left(\dfrac{1}{6} \times \square\right) : \left(\dfrac{1}{3} \times 6\right)$

||||| 가장 간단한 자연수의 비로 나타내려고 합니다. ☐ 안에 알맞은 수를 써넣으시오.

004 $\dfrac{5}{8} : 1\dfrac{1}{8} = \dfrac{5}{8} : \dfrac{9}{8}$

$\qquad = \left(\dfrac{5}{8} \times \square\right) : \left(\dfrac{9}{8} \times 8\right)$

$\qquad = \square : \square$

005 $0.25 : 1$

$= (0.25 \times \square) : (1 \times 100)$

$= \square : 100$

$= (\square \div 25) : (100 \div 25)$

$= \square : 4$

||||| 가장 간단한 자연수의 비로 나타내시오.

006 $12 : 16 = $ _____

007 $18 : 27 = $ _____

008 $24 : 21 = $ _____

009 $75 : 100 = $ _____

010 $0.4 : 0.6 = $ _____

011 $1\dfrac{1}{2} : \dfrac{3}{4} = $ _____

||||| ☐ 안에 알맞은 수를 써넣으시오.

012 $3 : 4 = 6 : \square$

013 $4 : 9 = \square : 18$

014 $25 : 10 = 10 : \square$

015 $0.4 : 0.25 = \square : 5$

016 $1.5 : \dfrac{3}{4} = 2 : \square$

017 $2 : 0.75 = \square : 3$

||||| 물음에 답하시오.

018   농구 게임에서 희권이와 철수가 넣은 골의 비는 5 : 2입니다. 철수가 6골을 넣었을 때 희권이가 넣은 골은 몇 골입니까?   _____

019   가로와 세로의 길이의 비가 2 : 3인 직사각형의 가로의 길이가 12 cm일 때, 세로의 길이는 몇 cm입니까?   _____

||||| 주어진 수를 4 : 3으로 비례배분하시오.

020   28 (_____ , _____)

021   49 (_____ , _____)

022   63 (_____ , _____)

||||| **가장 간단한 자연수의 비로 나타내시오.**

001 $10 : 25 =$ _____

002 $36 : 24 =$ _____

003 $\dfrac{1}{2} : \dfrac{1}{3} =$ _____

004 $\dfrac{3}{4} : \dfrac{7}{10} =$ _____

005 $0.6 : 0.8 =$ _____

006 $0.75 : 2 =$ _____

||||| **☐ 안에 알맞은 수를 써넣으시오.**

007 $3 : 5 = 9 : \boxed{}$

008 $\boxed{} : 5 = 42 : 30$

009 $35 : 50 = \boxed{} : 10$

010 $0.2 : 0.5 = \boxed{} : 30$

011 $\dfrac{2}{5} : \boxed{} = 12 : 9$

012 $1\dfrac{1}{4} : 2\dfrac{1}{2} = 4 : \boxed{}$

||||| **물음에 답하시오.**

013 철수는 3일 동안 동화책 18쪽을 읽었습니다. 같은 빠르기로 7일 동안 동화책을 읽으면 몇 쪽을 읽을 수 있습니까? _____

014 철수는 자전거를 타고 20분 동안 9 km를 갔습니다. 같은 빠르기로 1시간 40분 동안 자전거를 타면 몇 km를 갈 수 있습니까? _____

||||| **☐ 안에 알맞은 수를 써넣으시오.**

015 과자 20개를 2 : 3으로 비례배분하면 [☐개, ☐개]입니다.

016 연필 36자루를 7 : 5로 비례배분하면 [☐자루, ☐자루]입니다.

017 초콜릿 56개를 3 : 4로 비례배분하면 [☐개, ☐개]입니다.

||||| **물음에 답하시오.**

018 어느 날 낮과 밤의 길이의 비는 7 : 5입니다. 이 날의 밤은 몇 시간입니까? _____

019 그림과 같이 집, 도서관, 학교는 일직선 위에 있습니다. 집에서 학교까지의 거리는 18 km이고 집에서 도서관까지의 거리와 도서관에서 학교까지의 거리의 비는 5 : 4입니다. 도서관에서 학교까지의 거리는 몇 km입니까? _____

집 도서관 학교

18 km

||||| **물음에 답하시오.**

001 한 모서리의 길이가 각각 2cm, 3cm인 정육면체 가와 나의 겉넓이의 비를 가장 간단한 자연수의 비로 나타내시오. _____

가   나

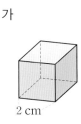 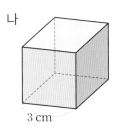

2 cm   3 cm

002 한 시간에 3분씩 늦어지는 고장난 시계가 있습니다. 오늘 오전 9시에 이 시계를 정확히 맞추었다면 오후 3시에 이 시계가 가르키는 시각은 오후 몇 시 몇 분입니까? _____

003 높이가 42cm인 원기둥 모양의 빈 물통에 일정한 양으로 물이 나오는 수도꼭지로 5분 동안 물을 받았더니 물의 높이가 20cm가 되었습니다. 이 수도꼭지로 크기가 같은 빈 물통에 물을 가득 채우려면 몇 분 몇 초가 걸립니까? _____

004 가로와 세로의 길이의 비가 5 : 8인 직사각형의 세로의 길이는 24cm입니다. 이 직사각형의 가로의 길이는 몇 cm입니까? _____

005 밑변의 길이와 높이의 비가 5 : 3인 삼각형의 높이는 12cm입니다. 이 삼각형의 밑변의 길이는 몇 cm입니까? _____

006 길이가 54cm인 끈을 겹치지 않게 모두 사용하여 가로와 세로의 길이의 비가 4 : 5인 직사각형을 만들었습니다. 만든 직사각형의 넓이는 몇 cm²입니까? _____

007 밑변의 길이와 높이의 비가 4 : 5인 평행사변형이 있습니다. 밑변의 길이와 높이의 합이 36cm일 때, 이 평행사변형의 넓이는 몇 cm²입니까? _____

008 두 삼각형 가와 나의 넓이의 합이 56cm²입니다. 삼각형 나의 넓이는 몇 cm²입니까? _____

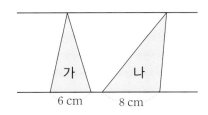

6 cm   8 cm

DAY 24 소금물의 농도

1 소금물의 농도

➜ 소금물의 진하기(=소금물의 농도) : 소금물의 양에 대한 소금의 양의 비를 백분율로 나타낸 것

➜ 소금물의 농도(%)는 소금물(소금＋물)의 양을 100으로 놓았을 때, 들어있는 소금의 양을 의미합니다.

$$\dfrac{1}{100}=0.01=1\%$$

$$(소금물의 농도)=\dfrac{(소금의 양)}{(소금물의 양)}\times 100(\%)$$

㉎ 소금 15 g이 들어있는 소금물 100 g의 농도는 $\dfrac{15}{100}\times 100=15(\%)$입니다.

㉎ 농도가 15%인 소금물 100 g에는 소금이 15 g 들어있으므로 농도가 15%인 소금물 200 g에는 소금이 30 g 들어있습니다.

$$15(\%) \;\Rightarrow\; \dfrac{15}{100} \;\Rightarrow\; \dfrac{30}{200}$$

$$(소금의 양)=(소금물의 양)\times \dfrac{(농도)}{100}$$

㉎ 농도가 5%인 소금물 400 g에 녹아 있는 소금의 양은 $400\times \dfrac{5}{100}=20(g)$입니다.

➜ 물 □g을 더 넣는 경우 　　: $(소금물의 농도)=\dfrac{(소금의 양)}{(소금물의 양)+□}\times 100(\%)$ (소금의 양은 그대로입니다.)

　물 □g을 증발시키는 경우 : $(소금물의 농도)=\dfrac{(소금의 양)}{(소금물의 양)-□}\times 100(\%)$ (소금의 양은 그대로입니다.)

　소금 □g을 더 넣는 경우 　: $(소금물의 농도)=\dfrac{(소금의 양)+□}{(소금물의 양)+□}\times 100(\%)$ (소금과 소금물의 양이 모두 증가합니다.)

2 소금물의 농도 문제 풀이법

➜ 소금물 농도 문제는 소금의 양의 변화를 살펴보면 효과적입니다.

① 소금물에 물을 더 넣을 때
② 소금물에서 물을 증발시킬 때 ─ 소금의 양은 변하지 않고 그대로입니다.

➜ 두 소금물을 섞었을 때, 섞기 전과 섞은 후의 소금의 양은 변하지 않고 그대로입니다.

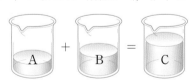

① 농도가 다른 두 소금물을 섞을 때
② 소금물에 소금을 더 넣을 때
➜ (A 소금의 양)＋(B 소금의 양)=(C 소금의 양)
➜ (A 소금물의 양)＋(B 소금물의 양)=(C 소금물의 양)

㉎ 농도가 3%인 A 소금물 100 g과 농도가 6%인 B 소금물 200 g을 섞은 C 소금물의 농도는 얼마입니까?

A 소금물, B 소금물에 들어있는 소금의 양은 각각 $100\times \dfrac{3}{100}=3(g)$, $200\times \dfrac{6}{100}=12(g)$이므로

C 소금물의 농도는 $\dfrac{3+12}{100+200}\times 100=5(\%)$입니다.

|||| 소금물의 양에 대한 소금의 양의 비를 백분율로 나타낸 것을 소금물의 진하기라고 합니다. 물음에 답하시오.

001 물 90 g과 소금 10 g을 섞은 소금물의 진하기는 몇 %입니까?
_____

002 소금 20 g을 물에 녹여 소금물 130 g을 만들었습니다. 이 소금물에 물 70 g을 더 넣으면 소금물의 진하기는 몇 %입니까?
_____

003 소금 20 g을 물에 녹여 소금물 130 g을 만들었습니다. 이 소금물에서 물 30 g을 증발시키면 소금물의 진하기는 몇 %입니까?
_____

004 진하기가 30%인 소금물 100 g에 들어있는 소금의 양은 몇 g입니까?
_____

005 진하기가 25%이고 소금이 25 g 들어있는 소금물에서 물의 양은 몇 g입니까?
_____

|||| 빈 칸을 채우시오.

006 소금 20 g과 물 80 g을 섞으면 농도는 _____ %입니다.

007 설탕물 200 g에 설탕이 50 g 들어있으면 농도는 _____ %입니다.

008 농도가 30%인 소금물 100 g에 들어있는 소금의 양은 _____ g입니다.

009 농도가 10%인 소금물 200 g에 물 200 g을 더 넣었을 때, 농도는 _____ %입니다.

010 농도가 7%인 소금물 200 g에서 물 60 g을 증발시켰을 때, 농도는 _____ %입니다.

011 농도가 25%인 소금물 100 g에 소금 25 g을 더 넣었을 때, 농도는 _____ %입니다.

012 농도가 10%인 소금물 50 g에서 물 10 g을 증발시키고 소금 10 g을 더 넣었을 때, 농도는 _____ %입니다.

|||| 그림과 같이 농도가 6%인 A 소금물 100 g과 농도가 9%인 B 소금물 200 g을 섞어 C 소금물을 만들었습니다. 빈 칸을 채우시오.

6%
100g
A 소금물
+
9%
200g
B 소금물
=
C 소금물

013 A 소금물에 들어있는 소금의 양은 _____ g입니다.

014 B 소금물에 들어있는 소금의 양은 _____ g입니다.

015 C 소금물에 들어있는 소금의 양은 _____ g입니다.

016 C 소금물의 농도는 _____ %입니다.

평균과 가능성

1 평균

➡ 여러 자료의 값을 하나의 대표하는 수로 나타내는 방법 중 가장 많이 쓰이는 것이 평균입니다.

➡ 평균 : 각 자료의 값을 모두 더하여 자료의 수로 나눈 값

> 변량은 주어진 자료의 값을 의미합니다.

$$(\text{평균}) = \frac{(\text{모든 자료 값의 합})}{(\text{자료의 수})} \quad \Rightarrow \quad (\text{평균}) = \frac{(\text{변량의 총합})}{(\text{변량의 개수})} \text{ (중학교 과정)}$$

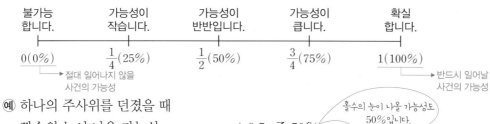

(예) 국어가 100점, 영어가 98점, 수학이 90점이면 세 과목의 평균은 $\frac{100+98+90}{3}=96$(점)입니다.

➡ (모든 자료 값의 합)=(평균)×(자료의 수)

2 가능성

> 비율 또는 백분율로 나타냅니다.

➡ 가능성 : 어떤 상황에서 특정한 일이 일어나기를 기대할 수 있는 정도

➡ 절대 일어날 가능성이 없는 경우는 0으로, 반드시 일어나는 경우는 1로 나타냅니다.

➡ 0에 가까울수록 가능성은 적고, 1에 가까울수록 가능성은 큽니다.

불가능 합니다.	가능성이 작습니다.	가능성이 반반입니다.	가능성이 큽니다.	확실 합니다.
$0(0\%)$	$\frac{1}{4}(25\%)$	$\frac{1}{2}(50\%)$	$\frac{3}{4}(75\%)$	$1(100\%)$

→ 절대 일어나지 않을 사건의 가능성

→ 반드시 일어날 사건의 가능성

(예) 하나의 주사위를 던졌을 때

> 홀수의 눈이 나올 가능성도 50%입니다.

짝수의 눈이 나올 가능성 : 0.5, 즉 50%

7의 눈이 나올 가능성 : 0, 즉 0%

1부터 6까지의 수의 눈이 나올 가능성 : 1, 즉 100%

> 중학교 과정 | **대푯값과 확률**

(1) 대푯값에는 평균 외에도 중앙값, 최빈값 등이 있습니다.
   ① 중앙값 : 각 자료를 작은 값부터 크기 순으로 나열할 때, 중앙(가운데)에 오는 값
      (예) 자료가 7, 3, 5, 2, 1일 때 작은 값부터 크기 순으로 나열하면 1, 2, 3, 5, 7이므로 중앙값은 3입니다.
   ② 최빈값 : 각 자료 중에서 가장 많이 나타나는 값
      (예) 자료가 1, 2, 2, 3, 2, 3, 4일 때 가장 많이 나타나는 값이 2이므로 최빈값은 2입니다.
(2) '가능성'이라는 개념을 확장하여 '확률'을 배웁니다.
   경우의 수 : 어떤 사건이 일어날 수 있는 모든 가짓수
   $(\text{확률}) = \frac{(\text{특정 사건이 일어나는 경우의 수})}{(\text{일어날 수 있는 모든 경우의 수})}$
      (예) 하나의 주사위를 던졌을 때
         일어날 수 있는 모든 경우의 수는 1, 2, 3, 4, 5, 6의 6가지이고 짝수는 2, 4, 6의 3가지이므로
         짝수의 눈이 나올 확률은 $\frac{3}{6}=\frac{1}{2}$입니다.

|||| 평균을 구하시오.

001 _____

(4   4)

002 _____

(2   5   8)

003 _____

(2   4   6   8)

004 _____

가지고 있는 구슬의 개수

이름	정국	지수	수연	우성	재석
개수(개)	4	6	3	7	5

005 _____

철수의 과목별 단원 평가 점수

과목	국어	수학	영어	사회	과학
점수(점)	82	89	83	84	92

|||| ☐ 안에 알맞은 수를 써넣으시오.

006 _____

12, ☐, 16, 21, 18의 평균이 17입니다.

007 _____

32, 40, ☐, 38, 40의 평균이 36입니다.

|||| 한 개의 주사위를 던질 때, 다음 사건이 일어날 가능성을 수로 표현하시오.

008 8의 눈이 나온다. _____

009 6 이하의 눈이 나온다. _____

010 2의 배수의 눈이 나온다. _____

011 홀수의 눈이 나온다. _____

|||| 옳으면 ○표, 틀리면 ×표 하시오.

012 파란색 구슬 4개가 들어있는 상자에서 구슬 한 개를 꺼낼 때, 파란색 구슬을 꺼낼 가능성은 1입니다.

_____

013 빨간색 구슬 4개가 들어있는 상자에서 구슬 한 개를 꺼낼 때, 파란색 구슬을 꺼낼 가능성은 0%입니다.

_____

014 빨간색 구슬 2개와 파란색 구슬 2개가 들어있는 상자에서 구슬 한 개를 꺼낼 때, 파란색 구슬을 꺼낼 가능성은 50%입니다.

_____

015 빨간색 구슬 1개와 파란색 구슬 3개가 들어있는 상자에서 구슬 한 개를 꺼낼 때, 빨간색 구슬을 꺼낼 가능성은 $\frac{1}{3}$입니다.

_____

|||| **물음에 답하시오.**

001 4개의 수 3, 3, 3, 3의 평균을 구하시오. _____

002 5개의 수 3, 4, 5, 6, 7의 평균을 구하시오. _____

003 10개의 수 1, 2, 3, …, 10의 평균을 구하시오. _____

004 5개의 수 2, 3, ▢, 8, 10의 평균이 6일 때, ▢의 값을 구하시오. _____

005 7개의 수 3, ▢, 7, 8, ◯, 11, 13의 평균 8일 때, ▢+◯의 값을 구하시오. _____

006 2개의 수 ▢, ◯의 평균이 5일 때, 6개의 수 ▢, ◯, 1, 4, 6, 9의 평균을 구하시오. _____

|||| **상자 안에 딸기 맛 사탕 3개, 사과 맛 사탕 2개, 바나나 맛 사탕 4개가 들어있습니다. 이 상자에서 사탕 한 개를 꺼낼 때, 다음 사건이 일어날 가능성을 수로 나타내시오.**

딸기맛   사과맛   바나나맛

007 꺼낸 사탕이 딸기 맛 사탕이다. _____

008 꺼낸 사탕이 사과 맛 사탕이다. _____

009 꺼낸 사탕이 바나나 맛이거나 딸기 맛 사탕이다. _____

|||| **주머니에 1에서 10까지의 숫자가 각각 적힌 카드가 10장 들어있습니다. 이 주머니에서 한 장의 카드를 임의로 뽑을 때, 다음 사건이 일어날 가능성을 수로 나타내시오.**

1	2	3	4	5
6	7	8	9	10

010 카드의 숫자가 짝수이다. _____

011 카드의 숫자가 홀수이다. _____

012 카드의 숫자가 2의 배수이거나 3의 배수이다. _____

||||| **물음에 답하시오.**

001 철수, 영희, 민수 세 사람 나이의 평균은 15살입니다. 영숙이의 나이가 19살일 때, 네 사람 나이의 평균은 얼마입니까? _____

002 댄스 동아리의 회원인 여학생 12명의 키는 모두 155 cm이고 남학생 8명의 평균 키는 160 cm입니다. 댄스 동아리 전체 학생의 평균 키는 몇 cm입니까? _____

003 철수네 반 남학생 10명의 평균 몸무게는 50 kg이고 여학생 15명의 평균 몸무게는 45 kg입니다. 철수네 반 25명의 평균 몸무게는 몇 kg입니까? _____

004 주머니에 흰 공 3개, 검은 공 ☐개가 들어있습니다. 주머니에서 공 한 개를 꺼낼 때, 흰 공이 나올 가능성은 $\frac{3}{10}$입니다. ☐ 안에 알맞은 수는 무엇입니까? _____

005 상자 속에 파란 구슬 3개, 노란 구슬 4개, 붉은 구슬 ☐개가 들어있습니다. 상자에서 구슬 한 개를 꺼낼 때, 파란 구슬이 나올 가능성은 $\frac{1}{4}$입니다. ☐ 안에 알맞은 수는 무엇입니까? _____

||||| **서로 다른 동전 2개를 동시에 던질 때, 다음 사건이 일어날 가능성을 수로 나타내시오.**

006 동전 2개가 서로 같은 면이 나온다. _____

007 동전 2개가 서로 다른 면이 나온다. _____

||||| **서로 다른 주사위 2개를 동시에 던질 때, 다음 사건이 일어날 가능성을 수로 나타내시오.**

008 나온 두 눈의 수의 곱이 홀수이다. _____

009 나온 두 눈의 수의 합이 5보다 작다. _____

DAY 26 이상과 이하, 초과와 미만

1 이상과 이하

이상과 이하인 수에는 경계값이 포함되고 수직선에 점 '●'를 사용하여 나타냅니다.

➡ a는 b 이상이다.

→ a는 b보다 크거나 같다.

→ a는 b보다 작지 않다.

→ $a \geq b$

→ $a > b$ 또는 $a = b$

⑩ 5 이상인 자연수는 5, 6, 7, …입니다.

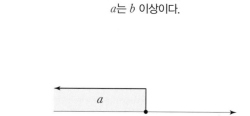

b(포함)
a는 b 이상이다.

➡ a는 b 이하이다.

→ a는 b보다 작거나 같다.

→ a는 b보다 크지 않다.

→ $a \leq b$

→ $a < b$ 또는 $a = b$

⑩ 5 이하인 자연수는 1, 2, 3, 4, 5입니다.

b(포함)
a는 b 이하이다.

2 초과와 미만

초과와 미만인 수에는 경계값이 포함되지 않고 수직선에 점 '○'를 사용하여 나타냅니다.

➡ a는 b 초과이다.

→ a는 b보다 크다.

→ $a > b$

⑩ 5 초과인 자연수는 6, 7, 8, …입니다.

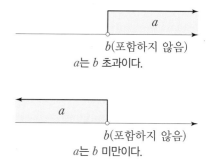

b(포함하지 않음)
a는 b 초과이다.

➡ a는 b 미만이다.

→ a는 b보다 작다.

→ $a < b$

⑩ 5 미만인 자연수는 1, 2, 3, 4입니다.

b(포함하지 않음)
a는 b 미만이다.

|||| 다음 문장을 부등호를 사용하여 나타내시오.

001 a는 2보다 크거나 같다. _____

002 a는 2보다 작거나 같다. _____

003 a는 2보다 크다. _____

004 a는 2보다 작다. _____

005 a는 2 이상이다. _____

006 a는 3 이하이다. _____

007 a는 4 초과이다. _____

008 a는 5 미만이다. _____

009 a는 3보다 작지 않다. _____

010 a는 4보다 크고 7보다 작거나 같다. _____

011 a는 5보다 크거나 같고 8보다 크지 않다. _____

012 a는 6 이상 10 미만이다. _____

|||| 조건에 맞는 수를 구하시오.

013 10 이상인 자연수 중에서 가장 작은 수 _____

014 11 이하인 자연수 중에서 가장 큰 수 _____

015 12 초과인 자연수 중에서 가장 작은 수 _____

016 13 미만인 자연수 중에서 가장 큰 수 _____

|||| 물음에 답하시오.

017 $\frac{5}{3}$보다 크고 5보다 크지 않은 모든 자연수의 합은 무엇입니까? _____

018 100 이하의 모든 자연수의 합은 무엇입니까? _____

MEMO

Never give up!

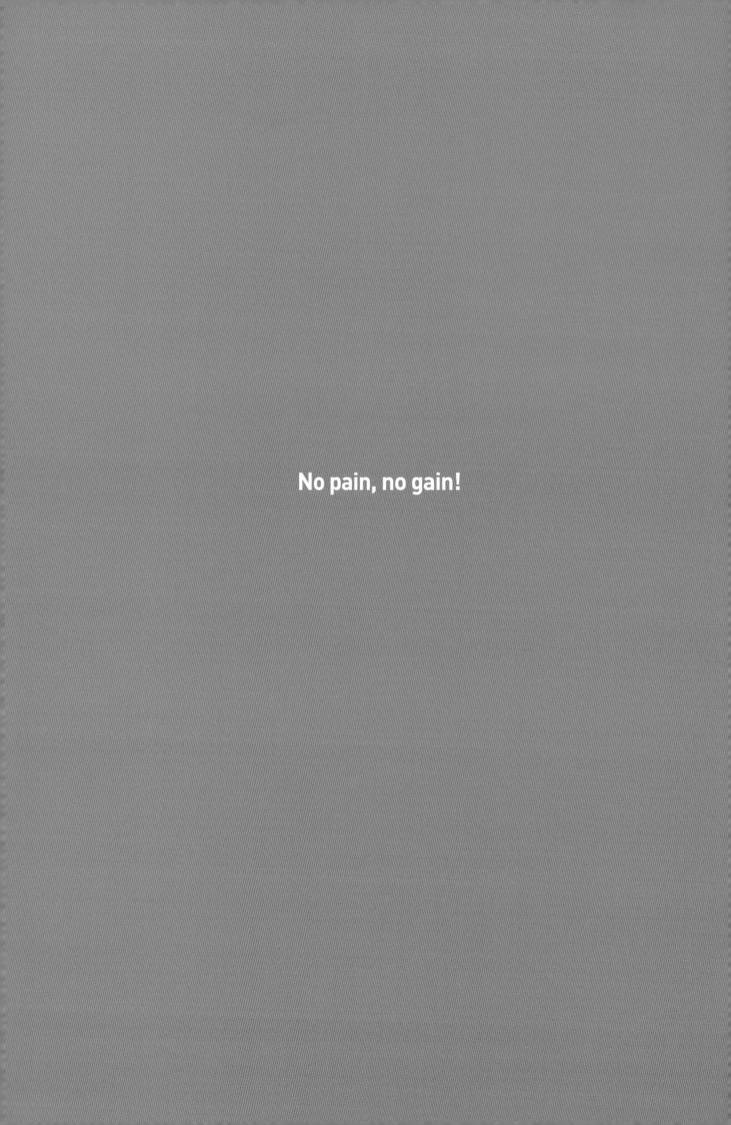

No pain, no gain!

중학수학에서
꼭 필요한
초등수학의
핵심만 담았다

초등수학 총정리
한권으로 끝내기

2주
완성

| 고희권·구수영 지음 |

정답 및 해설

쏠티북스

중학수학에서
꼭 필요한
초등수학의
핵심만 담았다

초등수학
총정리
한권으로 끝내기

2주
완성

| 고희권·구수영 지음 |

정답 및 해설

쏠티북스

개념이해하기

본문 p. 9

001

정답 6

해설 $5+4-3=9-3=6$

참고 먼저 계산할 것을 명확하게 하기 위해 다음과 같이 괄호를 하면 실수를 막을 수 있습니다.

$5+4-3 \rightarrow (5+4)-3$

002

정답 9

해설 $7-3+5=4+5=9$

참고 $(7-3)+5$

003

정답 13

해설 $5+7-3+4=12-3+4$
$=9+4=13$

참고 $(5+7)-3+4 \rightarrow (12-3)+4$

004

정답 2

해설 $7-(3+2)=7-5=2$

005

정답 8

해설 $7+(5-4)=7+1=8$

006

정답 8

해설 $8-2+(9-7)=8-2+2$
$=6+2=8$

007

정답 20

해설 $10 \times 6 \div 3 = 60 \div 3 = 20$

참고 먼저 계산할 것을 명확하게 하기 위해 다음과 같이 괄호를 하면 실수를 막을 수 있습니다.

$10 \times 6 \div 3 \rightarrow (10 \times 6) \div 3$

008

정답 6

해설 $9 \div 3 \times 2 = 3 \times 2 = 6$

참고 $(9 \div 3) \times 2$

009

정답 30

해설 $4 \times 5 \div 2 \times 3 = 20 \div 2 \times 3$
$=10 \times 3 = 30$

참고 $(4 \times 5) \div 2 \times 3 \rightarrow (20 \div 2) \times 3$

010

정답 2

해설 $12 \div (3 \times 2) = 12 \div 6 = 2$

011

정답 4

해설 $2 \times (10 \div 5) = 2 \times 2 = 4$

012

정답 12

해설 $12 \div (6 \div 3) \times 2 = 12 \div 2 \times 2$
$=6 \times 2 = 12$

013

정답 15

해설 $1+2+3 \times 4 = 1+2+12$
$=3+12=15$

참고 $1+2+(3 \times 4) \rightarrow (1+2)+12$

014

정답 6

해설 $16-8-4 \div 2 = 16-8-2$
$=8-2=6$

참고 $16-8-(4 \div 2) \rightarrow (16-8)-2$

015

정답 9

해설 $2 \times 4 + 6 \div 3 - 1 = 8 + 6 \div 3 - 1$
$=8+2-1$
$=10-1=9$

참고 $(2 \times 4) + (6 \div 3) - 1 \rightarrow (8+2)-1$

016

정답 11

해설 $72 \div 8 - 5 + 7 = 9 - 5 + 7$
$= 4 + 7 = 11$

참고 $(72 \div 8) - 5 + 7 \rightarrow (9 - 5) + 7$

017

정답 3

해설 $3 \times 5 - 4 \times 3 = 15 - 4 \times 3$
$= 15 - 12 = 3$

참고 $(3 \times 5) - (4 \times 3)$

018

정답 17

해설 $15 - 16 \div 4 + 3 \times 2 = 15 - 4 + 3 \times 2$
$= 15 - 4 + 6$
$= 11 + 6 = 17$

참고 $15 - (16 \div 4) + (3 \times 2) \rightarrow (15 - 4) + 6$

019

정답 21

해설 $3 \times (9 - 4) + 6 = 3 \times 5 + 6$
$= 15 + 6 = 21$

020

정답 1

해설 $(12 \div 6) \times 2 - 3 = 2 \times 2 - 3$
$= 4 - 3 = 1$

021

정답 7

해설 $10 - (5 \times 2 + 2) \div 4 = 10 - (10 + 2) \div 4$
$= 10 - 12 \div 4$
$= 10 - 3 = 7$

022

정답 10

해설 $20 - (7 + 8) \div 3 \times 2 = 20 - 15 \div 3 \times 2$
$= 20 - 5 \times 2$
$= 20 - 10 = 10$

023

정답 11

해설 $5 + 8 \times (6 - 3) \div 4 = 5 + 8 \times 3 \div 4$
$= 5 + 24 \div 4$
$= 5 + 6 = 11$

024

정답 3

해설 $8 + (25 - 13) \div 4 - 2 \times 4 = 8 + 12 \div 4 - 2 \times 4$
$= 8 + 3 - 2 \times 4$
$= 8 + 3 - 8$
$= 11 - 8 = 3$

025

정답 10

해설 $81 \div 3 - 5 \times 4 + 3 = 27 - 5 \times 4 + 3$
$= 27 - 20 + 3$
$= 7 + 3 = 10$

참고 $(81 \div 3) - (5 \times 4) + 3 \rightarrow (27 - 20) + 3$

026

정답 69

해설 $64 \div (7 - 3) \times 4 + 5 = 64 \div 4 \times 4 + 5$
$= 16 \times 4 + 5$
$= 64 + 5$
$= 69$

참고 $\square \div 4 \times 4 = \square$입니다.
다음과 같은 경우도 있습니다.
$\square \times 4 \div 4 = \square$
$\square - 4 + 4 = \square$
$\square + 4 - 4 = \square$

027

정답 9

해설 $11 - 2 \times (18 + 3) \div 7 + 4 = 11 - 2 \times 21 \div 7 + 4$
$= 11 - 42 \div 7 + 4$
$= 11 - 6 + 4$
$= 5 + 4 = 9$

문제수준높이기   본문 p. 10

001

정답 9

해설 $7 - 2 + 4 = 5 + 4 = 9$

참고 $(7 - 2) + 4$

002

정답 4

해설 $8 + 2 - 6 = 10 - 6 = 4$

참고 $(8 + 2) - 6$

003

정답 9

해설 $10-3+4-2=7+4-2$
$$=11-2=9$$

참고 $(10-3)+4-2 \to (7+4)-2$

004

정답 12

해설 $9+(5-2)=9+3=12$

005

정답 3

해설 $8-(2+3)=8-5=3$

006

정답 5

해설 $4+6-(2+3)=4+6-5$
$$=10-5=5$$

참고 $(4+6)-(2+3)$

007

정답 20

해설 $10\times6\div3=60\div3=20$

참고 $(10\times6)\div3$

008

정답 6

해설 $9\div3\times2=3\times2=6$

참고 $(9\div3)\times2$

009

정답 30

해설 $4\times5\div2\times3=20\div2\times3$
$$=10\times3=30$$

참고 $(4\times5)\div2\times3 \to (20\div2)\times3$

010

정답 2

해설 $12\div(3\times2)=12\div6=2$

011

정답 4

해설 $2\times(10\div5)=2\times2=4$

012

정답 12

해설 $12\div(6\div3)\times2=12\div2\times2$
$$=6\times2=12$$

참고 $\square\div2\times2=\square$입니다.
다음과 같은 경우도 있습니다.
$\square\times2\div2=\square$
$\square-2+2=\square$
$\square+2-2=\square$

013

정답 5

해설 $10-2-1\times3=10-2-3$
$$=8-3=5$$

참고 $10-2-(1\times3)$

014

정답 9

해설 $2+3\times4-5=2+12-5$
$$=14-5=9$$

참고 $2+(3\times4)-5$

015

정답 8

해설 $27\div3-2\times3+5=9-6+5$
$$=3+5=8$$

참고 $(27\div3)-(2\times3)+5$

016

정답 15

해설 $7\times3+4-10=21+4-10$
$$=25-10=15$$

참고 $(7\times3)+4-10$

017

정답 6

해설 $15\div5+12\div4=3+12\div4$
$$=3+3=6$$

참고 $(15\div5)+(12\div4)$

018

정답 11

해설 $3+2\times5-14\div7=3+10-14\div7$
$$=3+10-2$$
$$=13-2=11$$

참고 $3+(2\times5)-(14\div7)$

019

정답 1

해설 $27 \div (6+3) - 2 = 27 \div 9 - 2$
$= 3 - 2 = 1$

참고 $\{27 \div (6+3)\} - 2$

020

정답 19

해설 $(7 \times 6) \div 3 + 5 = 42 \div 3 + 5$
$= 14 + 5 = 19$

참고 $\{(7 \times 6) \div 3\} + 5$

021

정답 11

해설 $8 + (10 \div 5 - 1) \times 3 = 8 + (2 - 1) \times 3$
$= 8 + 1 \times 3$
$= 8 + 3 = 11$

022

정답 10

해설 $4 + (12 - 8) \times 3 \div 2 = 4 + 4 \times 3 \div 2$
$= 4 + 12 \div 2$
$= 4 + 6 = 10$

023

정답 5

해설 $17 - 10 \div (8 - 3) \times 6 = 17 - 10 \div 5 \times 6$
$= 17 - 2 \times 6$
$= 17 - 12 = 5$

024

정답 3

해설 $23 - (6 + 5) \times 2 + 8 \div 4$
$= 23 - 11 \times 2 + 8 \div 4$
$= 23 - 22 + 8 \div 4$
$= 23 - 22 + 2$
$= 1 + 2 = 3$

025

정답 21

해설 $11 \times 2 + 6 \div 2 - 4 = 22 + 6 \div 2 - 4$
$= 22 + 3 - 4$
$= 25 - 4 = 21$

026

정답 14

해설 $5 + 6 \times (8 - 5) \div 2 = 5 + 6 \times 3 \div 2$
$= 5 + 18 \div 2$
$= 5 + 9 = 14$

027

정답 7

해설 $10 + 14 \div (11 - 4) \times 2 - 7$
$= 10 + 14 \div 7 \times 2 - 7$
$= 10 + 2 \times 2 - 7$
$= 10 + 4 - 7$
$= 14 - 7 = 7$

응용문제도전하기　　　　본문 p. 11

001

정답 9

해설 $\square - 8 \div 4 = 7$
$\square - 2 = 7$
$\square = 9$

참고 등호의 왼쪽(좌변)과 오른쪽(우변)에 같은 수를 더해도 등호는 성립합니다.
$\square - 2 = 7$의 양변(좌변, 우변)에 2를 더하면
$\square - 2 + 2 = 7 + 2$
$\square = 9$

002

정답 3

해설 $5 + \square \times 2 - 3 = 8$
$\square \times 2 - 3 = 3 \leftarrow (\square \times 2) - 3 = 3$
$\square \times 2 = 6$
$\square = 3$

참고 $5 + \blacksquare = 8$에서 $\blacksquare = 3$입니다.
$\bullet - 3 = 3$에서 $\bullet = 6$입니다.

003

정답 7

해설 $5 \times 2 - 28 \div \square = 6$
$10 - 28 \div \square = 6 \leftarrow 10 - (28 \div \square) = 6$
$28 \div \square = 4$
$\square = 7$

참고 $10 - \blacksquare = 6$에서 $\blacksquare = 4$입니다.

004

정답 3

해설 $81 \div (3 \times \square) = 9$

$\quad 3 \times \square = 9$

$\quad \square = 3$

참고 $81 \div \blacksquare = 9$에서 $\blacksquare = 9$입니다.

005

정답 14

해설 $30 + (\square \div 2) \times 3 = 51$

$\quad (\square \div 2) \times 3 = 21$

$\quad \square \div 2 = 7$

$\quad \square = 14$

참고 $30 + \blacksquare = 51$에서 $\blacksquare = 21$입니다.

$\quad \bullet \times 3 = 21$에서 $\bullet = 7$입니다.

006

정답 3

해설 $15 - (12 \div \square + 5) = 6$

$\quad 12 \div \square + 5 = 9 \leftarrow (12 \div \square) + 5 = 9$

$\quad 12 \div \square = 4$

$\quad \square = 3$

참고 $15 - \blacksquare = 6$에서 $\blacksquare = 9$입니다.

$\quad \bullet + 5 = 9$에서 $\bullet = 4$입니다.

007

정답 8

해설 $10 - \{4 - (5 - 3)\} = 10 - \{4 - 2\}$

$\quad\quad\quad\quad\quad\quad\quad = 10 - 2 = 8$

참고 소괄호$(\quad) \rightarrow$ 중괄호$\{\quad\}$ 순서로 계산합니다.

008

정답 2

해설 $\{9 - (5 + 3)\} \times 2 = \{9 - 8\} \times 2$

$\quad\quad\quad\quad\quad\quad\quad = 1 \times 2 = 2$

009

정답 3

해설 $3 \times \{4 - (6 \div 2)\} = 3 \times \{4 - 3\}$

$\quad\quad\quad\quad\quad\quad\quad = 3 \times 1 = 3$

010

정답 3

해설 $27 \div \{(10 + 8) \div 2\} = 27 \div \{18 \div 2\}$

$\quad\quad\quad\quad\quad\quad\quad = 27 \div 9 = 3$

011

정답 16

해설 $45 \div \{8 - (1 + 2)\} + 7 = 45 \div \{8 - 3\} + 7$

$\quad\quad\quad\quad\quad\quad\quad\quad = 45 \div 5 + 7$

$\quad\quad\quad\quad\quad\quad\quad\quad = 9 + 7 = 16$

012

정답 32

해설 $36 - \{18 \div (6 + 3)\} \times 2 = 36 - \{18 \div 9\} \times 2$

$\quad\quad\quad\quad\quad\quad\quad\quad = 36 - 2 \times 2$

$\quad\quad\quad\quad\quad\quad\quad\quad = 36 - 4 = 32$

013

정답 해설 참조

해설 $(4 + 4) \div (4 + 4) = 1$

$\quad (4 \times 4) \div (4 \times 4) = 1$

$\quad (4 \div 4) + (4 - 4) = 1$

$\quad 4 \times 4 \div 4 \div 4 = 1$

$\quad 4 \div 4 \times 4 \div 4 = 1$

014

정답 해설 참조

해설 $4 \times 4 \div 4 + 4 = 2$

$\quad 4 \div 4 + 4 \div 4 = 2$

015

정답 해설 참조

해설 $(4 + 4 + 4) \div 4 = 3$

$\quad (4 \times 4 - 4) \div 4 = 3$

016

정답 $(4 - 4) \times 4 + 4$

해설 $(4 - 4) \times 4 + 4 = 4$

017

정답 $(4 \times 4 + 4) \div 4$

해설 $(4 \times 4 + 4) \div 4 = 5$

018

정답 $4 + (4 + 4) \div 4$

해설 $4 + (4 + 4) \div 4 = 6$

019

정답 $4 + 4 - (4 \div 4)$

해설 $4 + 4 - (4 \div 4) = 7$

020

정답 55살

해설 누나는 철수의 나이 13살보다 2살 더 많으므로
누나 나이는 13+2=15(살)입니다.
아버지의 나이는 누나 나이 15살의 4배보다 5살
더 적으므로 15×4-5=60-5=55(살)입니다.

참고 문제를 수식으로 나타내면
(13+2)×4-5
입니다.

021

정답 20장

해설 파란색 색종이가 27장, 노란색 색종이가 47장이
므로 모두 27+47=74(장)입니다.
학생 9명이 6장씩 사용했으므로 사용한 색종이는
모두 9×6=54(장)입니다.
따라서 남은 색종이는 74-54=20(장)입니다.

참고 문제를 수식으로 나타내면
(27+47)-9×6
입니다.

DAY 02 약수와 배수

개념이해하기 본문 p. 13

001

정답 1, 2, 4

해설 4÷1=4, 4÷2=2, 4÷4=1
따라서 4의 약수는 1, 2, 4입니다.

002

정답 1, 3, 5, 15

해설 15÷1=15, 15÷3=5
15÷5=3, 15÷15=1
따라서 15의 약수는 1, 3, 5, 15입니다.

003

정답 1, 3, 9

해설 1×9=9, 3×3=9
따라서 9의 약수는 1, 3, 9입니다.

004

정답 1, 2, 4, 5, 10, 20

해설 1×20=20, 2×10=20, 4×5=20
따라서 20의 약수는 1, 2, 4, 5, 10, 20입니다.

005

정답 3, 6, 9, …

해설 3×1=3, 3×2=6, 3×3=9, …
따라서 3의 배수는 3, 6, 9, …입니다.

006

정답 8, 16, 24, …

해설 8×1=8, 8×2=16, 8×3=24, …
따라서 8의 배수는 8, 16, 24, …입니다.

007

정답 20, 40, 60, …

해설 20×1=20, 20×2=40, 20×3=60, …
따라서 20의 배수는 20, 40, 60, …입니다.

008

정답 1, 2, 3, 6

해설 6=2×3이므로 6의 약수는
1, 2, 3, 2×3
입니다.

참고 $6=2\times3$에서
$6\div1=6$, $6\div2=3$, $6\div3=2$,
$6\div(2\times3)=1$
이므로 6의 약수는 1, 2, 3, 2×3입니다.

009

정답 1, 2, 3, 4, 6, 12

해설 $12=2\times2\times3$이므로 12의 약수는
1, 2, 3, 2×2, 2×3, $2\times2\times3$
입니다.

참고 $12=2\times2\times3$에서
$12\div1=12$, $12\div2=6$, $12\div3=4$
$12\div(2\times2)=3$, $12\div(2\times3)=2$
$12\div(2\times2\times3)=1$
이므로 12의 약수는
1, 2, 3, 2×2, 2×3, $2\times2\times3$
입니다.

010

정답 1, 2, 3, 6, 9, 18

해설 $18=2\times3\times3$이므로 18의 약수는
1, 2, 3, 2×3, 3×3, $2\times3\times3$
입니다.

참고 $18=2\times3\times3$에서
$18\div1=18$, $18\div2=9$, $18\div3=6$
$18\div(2\times3)=3$, $18\div(3\times3)=2$
$18\div(2\times3\times3)=1$
이므로 18의 약수는
1, 2, 3, 2×3, 3×3, $2\times3\times3$
입니다.

011

정답 ×

해설 6의 약수는 1, 2, 3, 6입니다.
3의 약수는 1, 3입니다.
따라서 6의 약수 2, 6은 3의 약수가 아닙니다.

참고 3의 약수는 모두 6의 약수입니다. (○)

012

정답 ○

해설 4의 약수는 1, 2, 4입니다.
8의 약수는 1, 2, 4, 8입니다.
따라서 4의 약수는 모두 8의 약수입니다.

참고 8의 약수는 모두 4의 약수입니다. (×)

013

정답 ×

해설 2의 배수는 2, 4, 6, 8, 10, …입니다.
4의 배수는 4, 8, 12, …입니다.
따라서 2의 배수 2, 6, 10, …은 4의 배수가 아닙니다.

참고 4의 배수는 모두 2의 배수입니다. (○)

014

정답 ○

해설 9의 배수는 9, 18, 27, …입니다.
3의 배수는 3, 6, 9, 12, 15, 18, 21, 24, 27, …입니다.
따라서 9의 배수는 모두 3의 배수입니다.

참고 3의 배수는 모두 9의 배수입니다. (×)

015

정답 1

해설 1은 모든 자연수의 약수입니다.

016

정답 1, 2, 3, 4, 6, 8, 12, 16, 24, 48

해설 48을 나누어떨어지게 하는 수는 48의 약수입니다.
따라서 48의 약수는 1, 2, 3, 4, 6, 8, 12, 16, 24, 48입니다.

참고 48의 약수를 구할 때 (1, 48), (2, 24), (3, 16), (4, 12), (6, 8)과 같이 곱하면 48이 되는 두 수를 짝지어 구할 수 있습니다.

017

정답 6, 8, 12, 16, 24, 32, 48, 96

해설 100을 어떤 수로 나누면 나머지가 4이므로
$100-4=96$을 어떤 수로 나누면 나누어떨어집니다.
이때 96의 약수는 1, 2, 3, 4, 6, 8, 12, 16, 24, 32, 48, 96입니다.
그런데 나머지가 4이므로 나누는 어떤 수는 4보다 큰 6, 8, 12, 16, 24, 32, 48, 96입니다.

참고 $100\div\blacksquare=\bullet$ … 4이므로
$(100-4)\div\blacksquare=\bullet$입니다.

참고 96의 약수를 구할 때 (1, 96), (2, 48), (3, 32), (4, 24), (6, 16), (8, 12)와 같이 곱하면 96이 되는 두 수를 짝지어 구할 수 있습니다.

018

정답 25

해설 50의 약수는 1, 2, 5, 10, 25, 50입니다.
따라서 50의 약수 중에서 10보다 크고 30보다 작은 수는 25입니다.

참고 $50 = 1 \times 50 = 2 \times 25 = 5 \times 10$

019

정답 96

해설 12의 배수는 12, 24, 36, 48, 60, 72, 84, 96, 108, …입니다.
따라서 12의 배수 중에서 가장 큰 두 자리의 수는 96입니다.

020

정답 2, 3, 5, 7, 11, 13, 17, 19, 23, 29, 31, 37, 41, 43, 47

해설 2부터 50까지의 자연수 중에서 약수가 2개인 것은 약수가 1과 자기 자신뿐인 수입니다.
2, 3, 5, 7, 11, 13, 17, 19, 23, 29, 31, 37, 41, 43, 47입니다.

참고 약수가 1과 자기 자신뿐인 수를 소수라고 합니다.

021

정답 4, 9, 25, 49

해설 2부터 50까지의 자연수 중에서 약수가 3개인 것은
$2 \times 2 = 4$ → 약수 : 1, 2, 4
$3 \times 3 = 9$ → 약수 : 1, 3, 9
$5 \times 5 = 25$ → 약수 : 1, 5, 25
$7 \times 7 = 49$ → 약수 : 1, 7, 49

DAY 03 공약수와 최대공약수

개념이해하기 본문 p. 15

001

정답 1, 2, 3, 6 / 6

해설 12의 약수는 1, 2, 3, 4, 6, 12입니다.
18의 약수는 1, 2, 3, 6, 9, 18입니다.

12의 약수   18의 약수

12와 18의 공약수는 1, 2, 3, 6입니다.
12와 18의 최대공약수는 6입니다.

002

정답 1, 5 / 5

해설 15의 약수는 1, 3, 5, 15입니다.
20의 약수는 1, 2, 4, 5, 10, 20입니다.

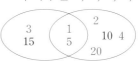

15의 약수   20의 약수

15와 20의 공약수는 1, 5입니다.
15와 20의 최대공약수는 5입니다.

003

정답 1, 2 / 2

해설 $4 = 1 \times 4$, $4 = 2 \times 2$이므로
4의 약수는 1, 2, 4입니다.
$6 = 1 \times 6$, $6 = 2 \times 3$이므로
6의 약수는 1, 2, 3, 6입니다.
4와 6의 공약수는 1, 2입니다.
4와 6의 최대공약수는 2입니다.

004

정답 1, 2, 3, 6 / 6

해설 $12 = 1 \times 12 = 2 \times 6 = 3 \times 4$이므로
12의 약수는 1, 2, 3, 4, 6, 12입니다.
$30 = 1 \times 30 = 2 \times 15 = 3 \times 10 = 5 \times 6$이므로
30의 약수는 1, 2, 3, 5, 6, 10, 15, 30입니다.
12와 30의 공약수는 1, 2, 3, 6입니다.
12와 30의 최대공약수는 6입니다.

005

정답 4

해설 4＝2×2이므로

4의 약수는 1, 2, 2×2(＝4)입니다.

12＝2×2×3이므로

12의 약수는 1, 2, 3, 2×2(＝4), 2×3(＝6), 2×2×3(＝12)입니다.

4와 12의 공약수는 1, 2, 4입니다.

4와 12의 최대공약수는 4입니다.

해설 4＝2×2, 12＝2×2×3에서

공통으로 들어있는 곱셈식이 2×2이므로 4와 12의 최대공약수는 4입니다.

두 수의 공약수는 두 수의 최대공약수의 약수입니다.

따라서 4와 12의 공약수는 4와 12의 최대공약수 4의 약수 1, 2, 4입니다.

006

정답 10

해설 20＝2×2×5이므로

20의 약수는 1, 2, 5, 2×2(＝4), 2×5(＝10), 2×2×5(＝20)입니다.

30＝2×3×5이므로

30의 약수는 1, 2, 3, 5, 2×3(＝6), 2×5(＝10), 3×5(＝15), 2×3×5(＝30)입니다.

20과 30의 공약수는 1, 2, 5, 10입니다.

20과 30의 최대공약수는 10입니다.

해설 20＝2×2×5, 30＝2×3×5에서

공통으로 들어있는 곱셈식이 2×5이므로 20과 30의 최대공약수는 10입니다.

두 수의 공약수는 두 수의 최대공약수의 약수입니다.

따라서 20과 30의 공약수는 20과 30의 최대공약수 10의 약수 1, 2, 5, 10입니다.

007

정답 1, 3

해설

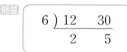

6과 9의 최대공약수는 3입니다.

6과 9의 공약수는 1, 3입니다.

참고 두 수의 공약수는 두 수의 최대공약수의 약수입니다.

따라서 6과 9의 공약수는 6과 9의 최대공약수 3의 약수 1, 3입니다.

008

정답 1, 3

해설

$$\begin{array}{r|rr} 3 & 9 & 15 \\ \hline & 3 & 5 \end{array}$$

9와 15의 최대공약수는 3입니다.

9와 15의 공약수는 1, 3입니다.

참고 두 수의 공약수는 두 수의 최대공약수의 약수입니다.

따라서 9와 15의 공약수는 9와 15의 최대공약수 3의 약수 1, 3입니다.

009

정답 3

해설

$$\begin{array}{r|rr} 3 & 6 & 21 \\ \hline & 2 & 7 \end{array}$$

6과 21의 최대공약수는 3입니다.

010

정답 9

해설

$$\begin{array}{r|rr} 9 & 18 & 27 \\ \hline & 2 & 3 \end{array}$$

18과 27의 최대공약수는 9입니다.

해설

$$\begin{array}{r|rr} 3 & 18 & 27 \\ 3 & 6 & 9 \\ \hline & 2 & 3 \end{array}$$

18과 27의 최대공약수는 3×3＝9입니다.

011

정답 6

해설

$$\begin{array}{r|rr} 6 & 12 & 30 \\ \hline & 2 & 5 \end{array}$$

12와 30의 최대공약수는 6입니다.

해설

$$\begin{array}{r|rr} 2 & 12 & 30 \\ 3 & 6 & 15 \\ \hline & 2 & 5 \end{array}$$

12와 30의 최대공약수는 2×3＝6입니다.

012

정답 8

해설

```
  8 ) 16   24
        2    3
```

16과 24의 최대공약수는 8입니다.

해설

```
  2 ) 16   24
  2 )  8   12
  2 )  4    6
        2    3
```

16과 24의 최대공약수는 2×2×2=8입니다.

013

정답 6

해설

```
  6 ) 24   30
        4    5
```

24와 30의 최대공약수는 6입니다.

해설

```
  2 ) 24   30
  3 ) 12   15
        4    5
```

24와 30의 최대공약수는 2×3=6입니다.

014

정답 18

해설

```
  18 ) 36   90
         2    5
```

36과 90의 최대공약수는 18입니다.

해설

```
  2 ) 36   90
  3 ) 18   45
  3 )  6   15
        2    5
```

36과 90의 최대공약수는 2×3×3=18입니다.

문제수준높이기   본문 p. 16

001

정답 1, 5 / 5

해설 15=1×15, 15=3×5이므로
15의 약수는 1, 3, 5, 15입니다.
20=1×20, 20=2×10, 20=4×5이므로
20의 약수는 1, 2, 4, 5, 10, 20입니다.
15와 20의 공약수는 1, 5입니다.
15와 20의 최대공약수는 5입니다.

002

정답 1, 2, 4 / 4

해설 12=1×12=2×6=3×4이므로
12의 약수는 1, 2, 3, 4, 6, 12입니다.
16=1×16=2×8=4×4이므로
16의 약수는 1, 2, 4, 8, 16입니다.
12와 16의 공약수는 1, 2, 4입니다.
12와 16의 최대공약수는 4입니다.

003

정답 1, 2 / 2

해설 6=2×3이므로
6의 약수는 1, 2, 3, 2×3(=6)입니다.
8=2×2×2이므로
8의 약수는 1, 2, 2×2(=4), 2×2×2(=8)입니다.
6과 8의 공약수는 1, 2입니다.
6과 8의 최대공약수는 2입니다.

해설 6=2×3, 8=2×2×2에서
공통으로 들어있는 곱셈식이 2이므로 6과 8의 최대공약수는 2입니다.
두 수의 공약수는 두 수의 최대공약수의 약수입니다.
따라서 6과 8의 공약수는 6과 8의 최대공약수 2의 약수 1, 2입니다.

004

정답 1, 2, 3, 6 / 6

해설 30=2×3×5이므로
30의 약수는 1, 2, 3, 5, 2×3(=6),
2×5(=10), 3×5(=15), 2×3×5(=30)입니다.
42=2×3×7이므로
42의 약수는 1, 2, 3, 7, 2×3(=6), 2×7(=14),
3×7(=21), 2×3×7(=42)입니다.
30과 42의 공약수는 1, 2, 3, 6입니다.
30과 42의 최대공약수는 6입니다.

해설 30=2×3×5, 42=2×3×7에서
공통으로 들어있는 곱셈식이 2×3이므로 30과 42의 최대공약수는 6입니다.
두 수의 공약수는 두 수의 최대공약수의 약수입니다.
따라서 30과 42의 공약수는 30과 42의 최대공약수 6의 약수 1, 2, 3, 6입니다.

005

정답 3

해설
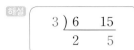

$$3 \overline{) \begin{matrix} 6 & 15 \\ 2 & 5 \end{matrix}}$$

6과 15의 최대공약수는 3입니다.

006

정답 7

해설
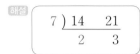

$$7 \overline{) \begin{matrix} 14 & 21 \\ 2 & 3 \end{matrix}}$$

14와 21의 최대공약수는 7입니다.

007

정답 6

해설
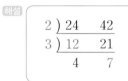

$$\begin{matrix} 2 \\ 3 \end{matrix} \overline{) \begin{matrix} 24 & 42 \\ 12 & 21 \\ 4 & 7 \end{matrix}}$$

24와 42의 최대공약수는 2×3(=6)입니다.

해설
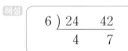

$$6 \overline{) \begin{matrix} 24 & 42 \\ 4 & 7 \end{matrix}}$$

24와 42의 최대공약수는 6입니다.

008

정답 9

해설
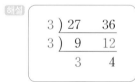

$$\begin{matrix} 3 \\ 3 \end{matrix} \overline{) \begin{matrix} 27 & 36 \\ 9 & 12 \\ 3 & 4 \end{matrix}}$$

27과 36의 최대공약수는 3×3(=9)입니다.

해설
$$9 \overline{) \begin{matrix} 27 & 36 \\ 3 & 4 \end{matrix}}$$

27과 36의 최대공약수는 9입니다.

009

정답 5

해설
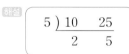

$$5 \overline{) \begin{matrix} 10 & 25 \\ 2 & 5 \end{matrix}}$$

10과 25의 최대공약수는 5입니다.

010

정답 6

해설
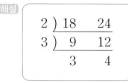

$$\begin{matrix} 2 \\ 3 \end{matrix} \overline{) \begin{matrix} 18 & 24 \\ 9 & 12 \\ 3 & 4 \end{matrix}}$$

18과 24의 최대공약수는 2×3(=6)입니다.

해설
$$6 \overline{) \begin{matrix} 18 & 24 \\ 3 & 4 \end{matrix}}$$

18과 24의 최대공약수는 6입니다.

011

정답 8

해설
$$8 \overline{) \begin{matrix} 32 & 40 \\ 4 & 5 \end{matrix}}$$

32와 40의 최대공약수는 8입니다.

해설
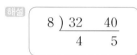

$$\begin{matrix} 2 \\ 2 \\ 2 \end{matrix} \overline{) \begin{matrix} 32 & 40 \\ 16 & 20 \\ 8 & 10 \\ 4 & 5 \end{matrix}}$$

32와 40의 최대공약수는 2×2×2(=8)입니다.

012

정답 24

해설
$$\begin{matrix} 2 \\ 2 \\ 2 \\ 3 \end{matrix} \overline{) \begin{matrix} 48 & 72 \\ 24 & 36 \\ 12 & 18 \\ 6 & 9 \\ 2 & 3 \end{matrix}}$$

48과 72의 최대공약수는 2×2×2×3(=24)입니다.

해설
$$24 \overline{) \begin{matrix} 48 & 72 \\ 2 & 3 \end{matrix}}$$

48과 72의 최대공약수는 24입니다.

응용문제도전하기
본문 p. 17

001

정답 9

해설
$$\begin{matrix} 3 \\ 3 \end{matrix} \overline{) \begin{matrix} 27 & 45 \\ 9 & 15 \\ 3 & 5 \end{matrix}}$$

27과 45의 최대공약수는 $3 \times 3 (=9)$입니다.

002

정답 6

해설

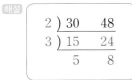

$$\begin{array}{r|rr} 2 & 30 & 48 \\ 3 & 15 & 24 \\ \hline & 5 & 8 \end{array}$$

30과 48의 최대공약수는 $2 \times 3 (=6)$입니다.

003

정답 12

해설

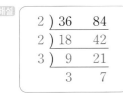

$$\begin{array}{r|rr} 2 & 36 & 84 \\ 2 & 18 & 42 \\ 3 & 9 & 21 \\ \hline & 3 & 7 \end{array}$$

36과 84의 최대공약수는 $2 \times 2 \times 3 (=12)$입니다.

004

정답 24

해설

$$\begin{array}{r|rr} 2 & 48 & 120 \\ 2 & 24 & 60 \\ 2 & 12 & 30 \\ 3 & 6 & 15 \\ \hline & 2 & 5 \end{array}$$

48과 120의 최대공약수는 $2 \times 2 \times 2 \times 3 (=24)$입니다.

005

정답 1, 2, 4, 8, 16

해설 두 수의 공약수는 두 수의 최대공약수의 약수입니다.
따라서 어떤 두 수의 공약수는 어떤 두 수의 최대공약수 16의 약수 1, 2, 4, 8, 16입니다.

006

정답 3개

해설 두 수의 공약수는 두 수의 최대공약수의 약수입니다.
따라서 27과 어떤 수의 공약수는 27과 어떤 수의 최대공약수 9의 약수 1, 3, 9로 모두 3개입니다.

007

정답 8

해설 32와 24를 어떤 수로 나누면 모두 나누어떨어지므로 어떤 수는 32와 24의 공약수입니다.
32의 약수는 1, 2, 4, 8, 16, 32입니다.
24의 약수는 1, 2, 3, 4, 6, 8, 12, 24입니다.
32와 24의 공약수는 1, 2, 4, 8입니다.
따라서 어떤 수가 될 수 있는 자연수 중에서 가장 큰 수는 32와 24의 최대공약수이므로 8입니다.

참고

$$\begin{array}{r|rr} 2 & 32 & 24 \\ 2 & 16 & 12 \\ 2 & 8 & 6 \\ \hline & 4 & 3 \end{array} \qquad \begin{array}{r|rr} 8 & 32 & 24 \\ \hline & 4 & 3 \end{array}$$

008

정답 6

해설 어떤 수로 29를 나누면 나머지가 5이므로 어떤 수로 $29-5=24$를 나누면 나누어떨어집니다.
어떤 수로 34를 나누면 나머지가 4이므로 어떤 수로 $34-4=30$을 나누면 나누어떨어집니다.
따라서 어떤 수로 24와 30을 나누면 나누어떨어지므로 어떤 수는 24와 30의 공약수입니다.

$$\begin{array}{r|rr} 2 & 24 & 30 \\ 3 & 12 & 15 \\ \hline & 4 & 5 \end{array} \qquad \begin{array}{r|rr} 6 & 24 & 30 \\ \hline & 4 & 5 \end{array}$$

이때 24와 30의 최대공약수
$2 \times 3 = 6$의 공약수 1, 2, 3, 6입니다.
그런데 나머지가 5와 4이므로 나누는 어떤 수는 5보다 큰 6입니다.

009

정답 2명, 3명, 6명

해설 6을 6의 약수로 나눌 때 나누어떨어집니다.
즉, 연필 6개를 6의 약수 1명, 2명, 3명, 6명에게 나누어줄 때 남김없이 똑같이 나누어 줄 수 있습니다.

010

정답 6명

해설 24와 42의 최대공약수를 구하는 문제입니다.

$$\begin{array}{r|rr} 2 & 24 & 42 \\ 3 & 12 & 21 \\ \hline & 4 & 7 \end{array} \qquad \begin{array}{r|rr} 6 & 24 & 42 \\ \hline & 4 & 7 \end{array}$$

24와 42의 최대공약수는 $2 \times 3 = 6$입니다.

즉, 연필 24자루를 6명에게 똑같이 4자루를, 지우개 42개를 6명에게 똑같이 7개를 남김없이 나누어 줄 수 있습니다.

[참고] '될 수 있는 대로 많은'에서 '최대'공약수를 구하는 문제라는 것을 알 수 있습니다.

011

[정답] 6 cm

[해설] 30과 42의 최대공약수를 구하는 문제입니다.

$$\begin{array}{r} 2\,\underline{)\,30 \quad 42} \\ 3\,\underline{)\,15 \quad 21} \\ 5 \quad 7 \end{array} \qquad \begin{array}{r} 6\,\underline{)\,30 \quad 42} \\ 5 \quad 7 \end{array}$$

30과 42의 최대공약수는 $2 \times 3 = 6$입니다.

즉, 가로와 세로의 길이가 모두 6 cm인 정사각형 모양 $5 \times 7 = 35$(개)로 자를 수 있습니다.

[참고] '가장 큰'에서 '최대'공약수를 구하는 문제라는 것을 알 수 있습니다.

개념이해하기 　　　　　　　　　　　본문 p. 19

001

[정답] 12, 24, … / 12

[해설] 3의 배수는 3, 6, 9, 12, 15, 18, 21, 24, …입니다.

4의 배수는 4, 8, 12, 16, 20, 24, …입니다.

3과 4의 공배수는 12, 24, …입니다.

3과 4의 최소공배수는 12입니다.

002

[정답] 30, 60, … / 30

[해설] 10의 배수는 10, 20, 30, 40, 50, 60, …입니다.

15의 배수는 15, 30, 45, 60, …입니다.

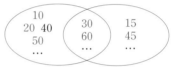

10과 15의 공배수는 30, 60, …입니다.

10과 15의 최소공배수는 30입니다.

003

[정답] 12

[해설] $4 = \underline{2} \times 2$, $6 = \underline{2} \times 3$에서

공통으로 들어있는 곱셈식이 2이고 나머지가 2와 3이므로 4와 6의 최소공배수는

$2 \times 2 \times 3 = 12$입니다.

004

[정답] 12

[해설] $4 = \underline{2 \times 2}$, $12 = \underline{2 \times 2} \times 3$에서

공통으로 들어있는 곱셈식이 2×2이고 나머지가 3이므로 4와 12의 최소공배수는

$(2 \times 2) \times 3 = 12$입니다.

005

[정답] 60

[해설] $12 = \underline{2 \times 2} \times \underline{3}$, $30 = \underline{2} \times \underline{3} \times 5$에서

공통으로 들어있는 곱셈식이 2×3이고 나머지가 2와 5이므로 12와 30의 최소공배수는

$(2\times3)\times2\times5=60$입니다.

006

정답 60

해설 $20=2\times\underline{2}\times\underline{5}$, $30=\underline{2}\times3\times\underline{5}$에서
공통으로 들어있는 곱셈식이 2×5이고 나머지가
2와 3이므로 20과 30의 최소공배수는
$(2\times5)\times2\times3=60$입니다.

007

정답 18

해설

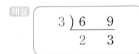

6과 9의 최소공배수는 $3\times2\times3=18$입니다.

008

정답 45

해설

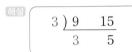

9와 15의 최소공배수는 $3\times3\times5=45$입니다.

009

정답 4 / 48

해설

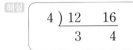

12와 16의 최대공약수는 4입니다.
12와 16의 최소공배수는 $4\times3\times4=48$입니다.

해설

$$
\begin{array}{r|cc}
2 & 12 & 16 \\
2 & 6 & 8 \\
\hline
& 3 & 4
\end{array}
$$

12와 16의 최대공약수는 $2\times2(=4)$입니다.
12와 16의 최소공배수는
$(2\times2)\times3\times4(=48)$입니다.

010

정답 9 / 54

해설

$$
\begin{array}{r|cc}
9 & 18 & 27 \\
\hline
& 2 & 3
\end{array}
$$

18과 27의 최대공약수는 9입니다.
18과 27의 최소공배수는 $9\times2\times3=54$입니다.

해설

$$
\begin{array}{r|cc}
3 & 18 & 27 \\
3 & 6 & 9 \\
\hline
& 2 & 3
\end{array}
$$

18과 27의 최대공약수는 $3\times3(=9)$입니다.
18과 27의 최소공배수는 $(3\times3)\times2\times3(=54)$
입니다.

011

정답 6 / 60

해설

$$
\begin{array}{r|cc}
6 & 12 & 30 \\
\hline
& 2 & 5
\end{array}
$$

12와 30의 최대공약수는 6입니다.
12와 30의 최소공배수는 $6\times2\times5=60$입니다.

해설

$$
\begin{array}{r|cc}
2 & 12 & 30 \\
3 & 6 & 15 \\
\hline
& 2 & 5
\end{array}
$$

12와 30의 최대공약수는 $2\times3(=6)$입니다.
12와 30의 최소공배수는 $(2\times3)\times2\times5(=60)$
입니다.

012

정답 8 / 48

해설

$$
\begin{array}{r|cc}
8 & 16 & 24 \\
\hline
& 2 & 3
\end{array}
$$

16과 24의 최대공약수는 8입니다.
16과 24의 최소공배수는 $8\times2\times3=48$입니다.

해설

$$
\begin{array}{r|cc}
2 & 16 & 24 \\
2 & 8 & 12 \\
2 & 4 & 6 \\
\hline
& 2 & 3
\end{array}
$$

16과 24의 최대공약수는 $2\times2\times2(=8)$입니다.
16과 24의 최소공배수는
$(2\times2\times2)\times2\times3(=48)$입니다.

013

정답 6 / 120

해설

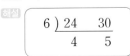

24와 30의 최대공약수는 6입니다.
24와 30의 최소공배수는 $6\times4\times5=120$입니다.

$$
\begin{array}{r|rr}
2 & 24 & 30 \\
3 & 12 & 15 \\
\hline
 & 4 & 5
\end{array}
$$

24와 30의 최대공약수는 $2 \times 3(=6)$입니다.
24와 30의 최소공배수는 $(2 \times 3) \times 4 \times 5(=120)$
입니다.

014

정답 18 / 180

해설

$$
\begin{array}{r|rr}
18 & 36 & 90 \\
\hline
 & 2 & 5
\end{array}
$$

36과 90의 최대공약수는 18입니다.
36과 90의 최소공배수는 $18 \times 2 \times 5 = 180$입니다.

해설

$$
\begin{array}{r|rr}
2 & 36 & 90 \\
3 & 18 & 45 \\
3 & 6 & 15 \\
\hline
 & 2 & 5
\end{array}
$$

36과 90의 최대공약수는 $2 \times 3 \times 3(=18)$입니다.
36과 90의 최소공배수는
$(2 \times 3 \times 3) \times 2 \times 5(=180)$입니다.

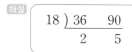 문제수준높이기 본문 p. 20

001

정답 60

해설 $15 = 1 \times 15$, $15 = 3 \times 5$
$20 = 1 \times 20$, $20 = 2 \times 10$, $20 = 4 \times 5$
공통으로 들어있는 수는 1, 5이고 가장 큰 수는
5입니다. (최대공약수를 구하는 과정)
$15 = 3 \times \underline{5}$, $20 = 4 \times \underline{5}$
나머지 수는 3과 4이므로 15와 20의 최소공배수
는 $5 \times 3 \times 4 = 60$입니다.

002

정답 48

해설 $12 = 1 \times 12$, $12 = 2 \times 6$, $12 = 3 \times 4$
$16 = 1 \times 16$, $16 = 2 \times 8$, $16 = 4 \times 4$
공통으로 들어있는 수는 1, 2, 4이고 가장 큰 수
는 4입니다. (최대공약수를 구하는 과정)
$12 = 3 \times \underline{4}$, $16 = 4 \times \underline{4}$
나머지 수는 3과 4이므로 12와 16의 최소공배수
는 $4 \times 3 \times 4 = 48$입니다.

003

정답 24

해설 $6 = 2 \times 3$, $8 = 2 \times 2 \times 2$
공통으로 들어있는 곱셈식이 2이고 나머지가 3과
2×2이므로 6과 8의 최소공배수는
$2 \times 3 \times (2 \times 2) = 24$입니다.

004

정답 60

해설 $12 = 2 \times 2 \times 3$, $20 = 2 \times 2 \times 5$
공통으로 들어있는 곱셈식이 2×2이고 나머지가
3과 5이므로 12와 20의 최소공배수는
$(2 \times 2) \times 3 \times 5 = 60$입니다.

005

정답 30

해설

$$
\begin{array}{r|rr}
3 & 6 & 15 \\
\hline
 & 2 & 5
\end{array}
$$

6과 15의 최소공배수는 $3 \times 2 \times 5 = 30$입니다.

006

정답 42

해설

$$
\begin{array}{r|rr}
7 & 14 & 21 \\
\hline
 & 2 & 3
\end{array}
$$

14와 21의 최소공배수는 $7 \times 2 \times 3 = 42$입니다.

007

정답 168

해설

$$
\begin{array}{r|rr}
2 & 24 & 42 \\
3 & 12 & 21 \\
\hline
 & 4 & 7
\end{array}
$$

24와 42의 최소공배수는 $(2 \times 3) \times 4 \times 7 = 168$입니다.

해설

$$
\begin{array}{r|rr}
6 & 24 & 42 \\
\hline
 & 4 & 7
\end{array}
$$

24와 42의 최소공배수는 $6 \times 4 \times 7 = 168$입니다.

008

정답 108

해설

$$
\begin{array}{r|rr}
3 & 27 & 36 \\
3 & 9 & 12 \\
\hline
 & 3 & 4
\end{array}
$$

27과 36의 최소공배수는 (3×3)×3×4=108입
니다.

009

정답 50

해설
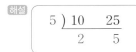

10과 25의 최소공배수는 5×2×5=50입니다.

010

정답 72

해설
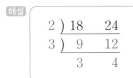

18과 24의 최소공배수는 (2×3)×3×4=72입
니다.

해설

```
6 ) 18    24
    3     4
```

18과 24의 최소공배수는 6×3×4=72입니다.

011

정답 160

해설

```
8 ) 32    40
    4     5
```

32와 40의 최소공배수는 8×4×5=160입니다.

해설

```
2 ) 32    40
2 ) 16    20
2 )  8    10
     4     5
```

32와 40의 최소공배수는
(2×2×2)×4×5=160입니다.

012

정답 144

해설

```
2 ) 48    72
2 ) 24    36
2 ) 12    18
3 )  6     9
     2     3
```

48과 72의 최소공배수는
(2×2×2×3)×2×3=144입니다.

```
24 ) 48    72
      2     3
```

48과 72의 최소공배수는 24×2×3=144입니다.

001

정답 135

해설

```
3 ) 27    45
3 )  9    15
     3     5
```

27과 45의 최소공배수는 (3×3)×3×5=135입
니다.

해설

```
9 ) 27    45
     3     5
```

27과 45의 최소공배수는 9×3×5=135입니다.

002

정답 240

해설

```
2 ) 30    48
3 ) 15    24
     5     8
```

30과 48의 최소공배수는 (2×3)×5×8=240입
니다.

해설

```
6 ) 30    48
     5     8
```

30과 48의 최소공배수는 6×5×8=240입니다.

003

정답 252

해설

```
2 ) 36    84
2 ) 18    42
3 )  9    21
     3     7
```

36과 84의 최소공배수는
(2×2×3)×3×7=252입니다.

해설

```
12 ) 36    84
      3     7
```

36과 84의 최소공배수는 12×3×7=252입니다.

004

정답 240

해설

2)	48	120
2)	24	60
2)	12	30
3)	6	15
	2	5

48과 120의 최소공배수는
$(2\times2\times2\times3)\times2\times5=240$입니다.

해설

24)	48	120
	2	5

48과 120의 최소공배수는 $24\times2\times5=240$입니다.

005

정답 96

해설 두 수의 공배수는 두 수의 최소공배수의 배수입니다.
어떤 두 수의 공배수는 어떤 두 수의 최소공배수 16의 배수 16, 32, 48, 64, 80, 96, 112, …입니다.
따라서 두 수의 공배수 중에서 가장 큰 두 자리의 수는 96입니다.

006

정답 12, 24, 36

해설 두 수의 공배수는 두 수의 최소공배수의 배수입니다.
6과 어떤 수의 공배수는 6과 어떤 수의 최소공배수 12의 배수 12, 24, 36, …입니다.
따라서 가장 작은 수부터 차례대로 3개 쓰면 12, 24, 36입니다.

007

정답 96

해설 어떤 수를 32와 24로 나누면 모두 나누어떨어지므로 어떤 수는 32와 24의 공배수입니다.

2)	32	24
2)	16	12
2)	8	6
	4	3

8)	32	24
	4	3

따라서 어떤 수가 될 수 있는 자연수 중에서 가장 작은 수는 32와 24의 최소공배수이므로
$(2\times2\times2)\times4\times3=96$입니다.

008

정답 8번

해설 철수와 영희 두 사람이 동시에 박수를 치는 경우는 4와 6의 공배수일 때입니다.
4와 6의 최소공배수는 12입니다.
4와 6의 공배수는 4와 6의 최소공배수 12의 배수 12, 24, 36, 48, 60, 72, 84, 96, 108, …입니다.
따라서 1부터 100까지의 수를 차례대로 말할 때 두 사람이 동시에 박수를 치는 경우는 12, 24, 36, 48, 60, 72, 84, 96일 때로 모두 8번입니다.

009

정답 24 cm

해설 8과 12의 최소공배수를 구하는 문제입니다.

4)	8	12
	2	3

8과 12의 최소공배수는 $4\times2\times3=24$입니다.
따라서 직사각형의 모양의 종이를 겹치지 않게 이어 붙여서 만들 수 있는 가장 작은 정사각형 모양의 종이는 한 변의 길이가 24 cm입니다.

참고 가로의 길이가 8 cm, 세로의 길이가 12 cm인 직사각형 모양의 종이를 가로로 3개, 세로로 2개를 겹치지 않게 이어 붙이면 한 변의 길이가 24 cm인 정사각형 모양의 종이를 만들 수 있습니다.

010

정답 32

해설 다른 한 수를 □라 하면

8)	□	40
	○	5

최소공배수가 160이므로 $8\times○\times5=160$에서 ○=4입니다.
따라서 다른 한 수는 □=$8\times○=8\times4=32$입니다.

DAY 05 배수판정법

개념이해하기 본문 p. 23

001

정답 2개

해설 2의 배수는 일의 자리의 수가 0이거나 2의 배수
(2, 4, 6, 8)인 수입니다.
따라서 8, 25, 530, 1235 중에서 2의 배수는 8,
530으로 모두 2개입니다.

002

정답 2개

해설 4의 배수는 마지막 두 자리의 수가 00이거나 4의
배수(04, 08, 12, 16, …, 96)인 수입니다.
따라서 68, 00이 4의 배수이므로 54, 246, 2568,
12300 중에서 4의 배수는 2568, 12300으로 모두
2개입니다.

003

정답 3개

해설 8의 배수는 마지막 세 자리의 수가 000이거나 8의
배수(008, 072, 120, 904, …, 992)인 수입니다.
따라서 008, 192, 000이 8의 배수이므로 236,
1008, 14192, 321000 중에서 8의 배수는 1008,
14192, 321000으로 모두 3개입니다.

004

정답 3개

해설 5의 배수는 일의 자리의 수가 0이거나 5인 수입
니다.
따라서 20, 234, 4210, 35625 중에서 5의 배수는
20, 4210, 35625로 모두 3개입니다.

005

정답 1개

해설 3의 배수는 각 자리의 수의 합이 3의 배수인 수
입니다.
따라서 3+1+1=5   (3의 배수 아님)
1+6+1+2=10   (3의 배수 아님)
2+5+4+6+2=19   (3의 배수 아님)
1+2+3+4+5+6=21 (3의 배수)
이므로 311, 1612, 25462, 123456 중에서 5의
배수는 123456으로 1개입니다.

006

정답 3개

해설 6의 배수는 2의 배수이면서 3의 배수인 수입니다.
2의 배수는 일의 자리의 수가 0이거나 2의 배수
(2, 4, 6, 8)인 수이므로 82, 144, 678, 2352는 2
의 배수입니다.
3의 배수는 각 자리의 수의 합이 3의 배수인 수
입니다.
8+2=10   (3의 배수 아님)
1+4+4=9   (3의 배수)
6+7+8=21   (3의 배수)
2+3+5+2=12 (3의 배수)
이므로 144, 678, 2352는 3의 배수입니다.
따라서 82, 144, 678, 2352 중에서 6의 배수는
144, 678, 2352로 모두 3개입니다.

007

정답 2개

해설 9의 배수는 각 자리의 수의 합이 9의 배수인 수
입니다.
따라서 1+1+1+6=9   (9의 배수)
1+2+3+6+5=17   (9의 배수 아님)
6+5+7+2+1+4=25   (9의 배수 아님)
4+2+3+1+2+1+5=18 (9의 배수)
이므로 1116, 12365, 657214, 4231116 중에서 9
의 배수는 1116, 4231215로 모두 2개입니다.

008

정답 0, 2, 4, 6, 8

해설 2의 배수는 일의 자리의 수가 0이거나 2의 배수
(2, 4, 6, 8)인 수입니다.
따라서 527□가 2의 배수가 되려면
□=0, 2, 4, 6, 8이어야 합니다.

009

정답 1, 4, 7

해설 3의 배수는 각 자리의 수의 합이 3의 배수인 수
입니다.
따라서 12□8이 3의 배수가 되려면
1+2+□+8=11+□가 3의 배수가 되어야 하
므로 □=1, 4, 7입니다.

010

정답 0, 2, 4, 6, 8

해설 4의 배수는 마지막 두 자리의 수가 00이거나 4의 배수(04, 08, 12, 16, …, 96)인 수입니다.

따라서 27□4가 4의 배수가 되려면

□4가 4의 배수가 되어야 하므로 □=0, 2, 4, 6, 8입니다.

011

정답 0, 5

해설 5의 배수는 일의 자리의 수가 0이거나 5인 수입니다.

따라서 432□가 5의 배수가 되려면 □=0, 5이어야 합니다.

012

정답 0, 8

해설 8의 배수는 마지막 세 자리의 수가 000이거나 8의 배수(008, 072, 120, 904, …, 992)인 수입니다.

따라서 300□가 8의 배수가 되려면 □=0, 8이어야 합니다.

013

정답 1

해설 9의 배수는 각 자리의 수의 합이 9의 배수인 수입니다.

따라서 43□1이 9의 배수가 되려면

$4+3+$□$+1=8+$□가 9의 배수가 되어야 하므로 □=1입니다.

014

정답 0

해설 ① 4의 배수는 마지막 두 자리의 수가 00이거나 4의 배수(04, 08, 12, 16, …, 96)인 수입니다.

95□4가 4의 배수가 되려면

□4가 4의 배수가 되어야 하므로 □=0, 2, 4, 6, 8입니다.

② 9의 배수는 각 자리의 수의 합이 9의 배수인 수입니다.

95□4가 9의 배수가 되려면

$9+5+$□$+4=18+$□가 9의 배수가 되어야 하므로 □=0, 9입니다.

따라서 95□4가 4의 배수이면서 동시에 9의 배수가 되려면 □=0이어야 합니다.

015

정답 5

해설 3의 배수는 각 자리의 수의 합이 3의 배수인 수입니다.

9의 배수는 각 자리의 수의 합이 9의 배수인 수입니다.

그런데 9의 배수는 모두 3의 배수입니다.

따라서 13□27이 3의 배수이면서 동시에 9의 배수가 되려면 $1+3+$□$+2+7=13+$□가 9의 배수가 되어야 하므로 □=5입니다.

016

정답 0

해설 ① 8의 배수는 마지막 세 자리의 수가 000이거나 8의 배수(008, 072, 120, 904, …, 992)인 수입니다.

45□72가 8의 배수가 되려면 □=0, 2, 4, 6, 8이어야 합니다.

② 9의 배수는 각 자리의 수의 합이 9의 배수인 수입니다.

45□72가 9의 배수가 되려면

$4+5+$□$+7+2=18+$□가 9의 배수가 되어야 하므로 □=0, 9입니다.

따라서 45□72가 8의 배수이면서 동시에 9의 배수가 되려면 □=0입니다.

017

정답 12

해설 3의 배수는 각 자리의 수의 합이 3의 배수인 수입니다.

3□5가 3의 배수가 되려면

$3+$□$+5=8+$□가 3의 배수가 되어야 하므로 □=1, 4, 7입니다.

따라서 □ 안에 들어갈 수 있는 모든 수의 합은 $1+4+7=12$입니다.

018

정답 4813원

해설 지불한 □4653□원은 병아리 한 마리 값의 72배이므로 □4653□는 72의 배수가 되어야 합니다.

이때 72는 8과 9의 공배수입니다.

① 8의 배수는 마지막 세 자리의 수가 000이거나 8의 배수(008, 072, 120, 904, …, 992)인 수입니다.

53□가 8의 배수가 되어야 하므로 □=6입니다.

② 9의 배수는 각 자리의 수의 합이 9의 배수인
　수입니다.
　□+4+6+5+3+6=□+24가 9의 배수가
　되어야 하므로 □=3입니다.
따라서 지불한 금액은 346536원이고 병아리 한
마리의 값은 346536÷72=4813(원)입니다.

DAY 06　약분과 통분

개념이해하기　　　　　　　　　본문 p. 25

001

정답 $\dfrac{6}{8}, \dfrac{9}{12}, \dfrac{12}{16}, \dfrac{15}{20}$

해설 $\dfrac{3}{4} = \dfrac{3\times2}{4\times2} = \dfrac{6}{8}$

$\phantom{\dfrac{3}{4}} = \dfrac{3\times3}{4\times3} = \dfrac{9}{12}$

$\phantom{\dfrac{3}{4}} = \dfrac{3\times4}{4\times4} = \dfrac{12}{16}$

$\phantom{\dfrac{3}{4}} = \dfrac{3\times5}{4\times5} = \dfrac{15}{20}$

002

정답 $\dfrac{24}{40}, \dfrac{12}{20}, \dfrac{6}{10}, \dfrac{3}{5}$

해설 $\dfrac{48}{80} = \dfrac{48\div2}{80\div2} = \dfrac{24}{40}$

$\phantom{\dfrac{48}{80}} = \dfrac{24\div2}{40\div2} = \dfrac{12}{20}$

$\phantom{\dfrac{48}{80}} = \dfrac{12\div2}{20\div2} = \dfrac{6}{10}$

$\phantom{\dfrac{48}{80}} = \dfrac{6\div2}{10\div2} = \dfrac{3}{5}$

참고 $\dfrac{48}{80} = \dfrac{48\div4}{80\div4} = \dfrac{12}{20}$

$\phantom{\dfrac{48}{80}} = \dfrac{48\div8}{80\div8} = \dfrac{6}{10}$

$\phantom{\dfrac{48}{80}} = \dfrac{48\div16}{80\div16} = \dfrac{3}{5}$

003

정답 $\dfrac{3}{4}$

해설 $\dfrac{6}{8} = \dfrac{6\div2}{8\div2} = \dfrac{3}{4}$

004

정답 $\dfrac{8}{12}, \dfrac{4}{6}, \dfrac{2}{3}$

해설 $\dfrac{16}{24} = \dfrac{16\div2}{24\div2} = \dfrac{8}{12}$

$\phantom{\dfrac{16}{24}} = \dfrac{16\div4}{24\div4} = \dfrac{4}{6}$

$\phantom{\dfrac{16}{24}} = \dfrac{16\div8}{24\div8} = \dfrac{2}{3}$

005

정답 $\dfrac{12}{16}$, $\dfrac{6}{8}$, $\dfrac{3}{4}$

해설 $\dfrac{24}{32}=\dfrac{24\div2}{32\div2}=\dfrac{12}{16}$

$=\dfrac{24\div4}{32\div4}=\dfrac{6}{8}$

$=\dfrac{24\div8}{32\div8}=\dfrac{3}{4}$

006

정답 $\dfrac{2}{3}$

해설 분모 36과 분자 24의 최대공약수 12로 약분하면 더 이상 약분할 수 없는 기약분수로 나타낼 수 있습니다.

$$
\begin{array}{r|cc}
12 & 36 & 24 \\
\hline
& 3 & 2
\end{array}
\qquad
\begin{array}{r|cc}
2 & 36 & 24 \\
2 & 18 & 12 \\
3 & 9 & 6 \\
\hline
& 3 & 2
\end{array}
$$

$\dfrac{24}{36}=\dfrac{24\div12}{36\div12}=\dfrac{2}{3}$

007

정답 $\dfrac{7}{11}$

해설 분모 44와 분자 28의 최대공약수 4로 약분하면 더 이상 약분할 수 없는 기약분수로 나타낼 수 있습니다.

$$
\begin{array}{r|cc}
4 & 44 & 28 \\
\hline
& 11 & 7
\end{array}
\qquad
\begin{array}{r|cc}
2 & 44 & 28 \\
2 & 22 & 14 \\
\hline
& 11 & 7
\end{array}
$$

$\dfrac{28}{44}=\dfrac{28\div4}{44\div4}=\dfrac{7}{11}$

008

정답 $\dfrac{3}{5}$

해설 분모 70과 분자 42의 최대공약수 14로 약분하면 더 이상 약분할 수 없는 기약분수로 나타낼 수 있습니다.

$$
\begin{array}{r|cc}
14 & 70 & 42 \\
\hline
& 5 & 3
\end{array}
\qquad
\begin{array}{r|cc}
2 & 70 & 42 \\
7 & 35 & 21 \\
\hline
& 5 & 3
\end{array}
$$

$\dfrac{42}{70}=\dfrac{42\div14}{70\div14}=\dfrac{3}{5}$

009

정답 $\dfrac{4}{9}$

해설 분모 54와 분자 24의 최대공약수 $2\times3=6$으로 분모와 분자를 약분하면 더 이상 약분할 수 없는 기약분수로 만들 수 있습니다.

$$
\begin{array}{r|cc}
2 & 54 & 24 \\
3 & 27 & 12 \\
\hline
& 9 & 4
\end{array}
\qquad
\begin{array}{r|cc}
6 & 54 & 24 \\
\hline
& 9 & 4
\end{array}
$$

$\dfrac{24}{54}=\dfrac{24\div6}{54\div6}=\dfrac{4}{9}$

010

정답 $\dfrac{3}{5}$

해설 분모 80과 분자 48의 최대공약수 $2\times2\times2\times2=16$으로 분모와 분자를 약분하면 더 이상 약분할 수 없는 기약분수로 만들 수 있습니다.

$$
\begin{array}{r|cc}
2 & 80 & 48 \\
2 & 40 & 24 \\
2 & 20 & 12 \\
2 & 10 & 6 \\
\hline
& 5 & 3
\end{array}
\qquad
\begin{array}{r|cc}
16 & 80 & 48 \\
\hline
& 5 & 3
\end{array}
$$

$\dfrac{48}{80}=\dfrac{48\div16}{80\div16}=\dfrac{3}{5}$

011

정답 $\dfrac{3}{7}$

해설 분모 98과 분자 42의 최대공약수 $2\times7=14$로 분모와 분자를 약분하면 더 이상 약분할 수 없는 기약분수로 만들 수 있습니다.

$$
\begin{array}{r|cc}
2 & 98 & 42 \\
7 & 49 & 21 \\
\hline
& 7 & 3
\end{array}
\qquad
\begin{array}{r|cc}
14 & 98 & 42 \\
\hline
& 7 & 3
\end{array}
$$

$\dfrac{42}{98}=\dfrac{42\div14}{98\div14}=\dfrac{3}{7}$

012

정답 $\left(\dfrac{4}{12},\ \dfrac{3}{12}\right)$

해설 $\left(\dfrac{1}{3},\ \dfrac{1}{4}\right)\rightarrow\left(\dfrac{1\times4}{3\times4},\ \dfrac{1\times3}{4\times3}\right)=\left(\dfrac{4}{12},\ \dfrac{3}{12}\right)$

013

정답 $\left(\dfrac{9}{54}, \dfrac{24}{54}\right)$

해설 $\left(\dfrac{1}{6}, \dfrac{4}{9}\right) \rightarrow \left(\dfrac{1 \times 9}{6 \times 9}, \dfrac{4 \times 6}{9 \times 6}\right) = \left(\dfrac{9}{54}, \dfrac{24}{54}\right)$

014

정답 $\left(\dfrac{36}{96}, \dfrac{40}{96}\right)$

해설 $\left(\dfrac{3}{8}, \dfrac{5}{12}\right) \rightarrow \left(\dfrac{3 \times 12}{8 \times 12}, \dfrac{5 \times 8}{12 \times 8}\right) = \left(\dfrac{36}{96}, \dfrac{40}{96}\right)$

015

정답 $\left(\dfrac{10}{15}, \dfrac{3}{15}\right)$

해설 분모 3과 5의 최소공배수는 15입니다.

$\left(\dfrac{2}{3}, \dfrac{1}{5}\right) \rightarrow \left(\dfrac{2 \times 5}{3 \times 5}, \dfrac{1 \times 3}{5 \times 3}\right) = \left(\dfrac{10}{15}, \dfrac{3}{15}\right)$

016

정답 $\left(\dfrac{35}{60}, \dfrac{32}{60}\right)$

해설 분모 12와 15의 최소공배수는 $3 \times 4 \times 5 = 60$입니다.

$$\begin{array}{c|cc} 3 & 12 & 15 \\ \hline & 4 & 5 \end{array}$$

$\left(\dfrac{7}{12}, \dfrac{8}{15}\right) \rightarrow \left(\dfrac{7 \times 5}{12 \times 5}, \dfrac{8 \times 4}{15 \times 4}\right) = \left(\dfrac{35}{60}, \dfrac{32}{60}\right)$

017

정답 $\left(\dfrac{32}{60}, \dfrac{27}{60}\right)$

해설 분모 15와 20의 최소공배수는 $5 \times 3 \times 4 = 60$입니다.

$$\begin{array}{c|cc} 5 & 15 & 20 \\ \hline & 3 & 4 \end{array}$$

$\left(\dfrac{8}{15}, \dfrac{9}{20}\right) \rightarrow \left(\dfrac{8 \times 4}{15 \times 4}, \dfrac{9 \times 3}{20 \times 3}\right) = \left(\dfrac{32}{60}, \dfrac{27}{60}\right)$

018

정답 $\dfrac{1}{3}$

해설 분모 3과 7의 최소공배수는 $3 \times 7 = 21$입니다.

$\left(\dfrac{1}{3}, \dfrac{2}{7}\right) \rightarrow \left(\dfrac{1 \times 7}{3 \times 7}, \dfrac{2 \times 3}{7 \times 3}\right) = \left(\dfrac{7}{21}, \dfrac{6}{21}\right)$

따라서 $\dfrac{7}{21} > \dfrac{6}{21}$이므로 $\dfrac{1}{3} > \dfrac{2}{7}$입니다.

019

정답 $\dfrac{9}{10}$

해설 분모 5와 10의 최소공배수는 $5 \times 1 \times 2 = 10$입니다.

$$\begin{array}{c|cc} 5 & 5 & 10 \\ \hline & 1 & 2 \end{array}$$

$\left(\dfrac{4}{5}, \dfrac{9}{10}\right) \rightarrow \left(\dfrac{4 \times 2}{5 \times 2}, \dfrac{9}{10}\right) = \left(\dfrac{8}{10}, \dfrac{9}{10}\right)$

따라서 $\dfrac{8}{10} < \dfrac{9}{10}$이므로 $\dfrac{4}{5} < \dfrac{9}{10}$입니다.

020

정답 $\dfrac{5}{12}$

해설 분모 8과 12의 최소공배수는 $2 \times 2 \times 2 \times 3 = 24$입니다.

$$\begin{array}{c|cc} 2 & 8 & 12 \\ 2 & 4 & 6 \\ \hline & 2 & 3 \end{array} \qquad \begin{array}{c|cc} 4 & 8 & 12 \\ \hline & 2 & 3 \end{array}$$

$\left(\dfrac{3}{8}, \dfrac{5}{12}\right) \rightarrow \left(\dfrac{3 \times 3}{8 \times 3}, \dfrac{5 \times 2}{12 \times 2}\right) = \left(\dfrac{9}{24}, \dfrac{10}{24}\right)$

따라서 $\dfrac{9}{24} < \dfrac{10}{24}$이므로 $\dfrac{3}{8} < \dfrac{5}{12}$입니다.

문제수준높이기   본문 p. 26

001

정답 30

해설 $\dfrac{1}{5} = \dfrac{1 \times 6}{5 \times 6} = \dfrac{6}{30}$

002

정답 6

해설 $\dfrac{3}{7} = \dfrac{3 \times 2}{7 \times 2} = \dfrac{6}{14}$

003

정답 12 / 15

해설 $\dfrac{3}{4} = \dfrac{3 \times 3}{4 \times 3} = \dfrac{9}{12}$

$= \dfrac{3 \times 5}{4 \times 5} = \dfrac{15}{20}$

004

정답 4

해설 $\dfrac{16}{20} = \dfrac{16 \div 4}{20 \div 4} = \dfrac{4}{5}$

005

정답 9

해설 $\dfrac{21}{27}=\dfrac{21\div 3}{27\div 3}=\dfrac{7}{9}$

006

정답 12 / 4

해설 $\dfrac{48}{64}=\dfrac{48\div 4}{64\div 4}=\dfrac{12}{16}$

$=\dfrac{48\div 16}{64\div 16}=\dfrac{3}{4}$

007

정답 2

해설 8과 10의 최대공약수는 2입니다.

$$\begin{array}{r|rr} 2 & 8 & 10 \\ \hline & 4 & 5 \end{array}$$

8과 10의 공약수는 최대공약수 2의 약수이므로 1, 2입니다.

008

정답 2 / 4

해설 12와 28의 최대공약수는 4입니다.

$$\begin{array}{r|rr} 2 & 12 & 28 \\ 2 & 6 & 14 \\ \hline & 3 & 7 \end{array}$$
$$\begin{array}{r|rr} 4 & 12 & 28 \\ \hline & 3 & 7 \end{array}$$

12와 28의 공약수는 최대공약수 4의 약수이므로 1, 2, 4입니다.

009

정답 2, 4, 8

해설 16과 24의 최대공약수는 8입니다.

$$\begin{array}{r|rr} 2 & 16 & 24 \\ 2 & 8 & 12 \\ 2 & 4 & 6 \\ \hline & 2 & 3 \end{array}$$
$$\begin{array}{r|rr} 8 & 16 & 24 \\ \hline & 2 & 3 \end{array}$$

16과 24의 공약수는 최대공약수 8의 약수이므로 1, 2, 4, 8입니다.

010

정답 7 / $\dfrac{2}{3}$

해설 분모 21과 분자 14의 최대공약수 7로 약분하면 더 이상 약분할 수 없는 기약분수로 나타낼 수 있습니다.

$$\begin{array}{r|rr} 7 & 21 & 14 \\ \hline & 3 & 2 \end{array}$$

$\dfrac{14}{21}=\dfrac{14\div 7}{21\div 7}=\dfrac{2}{3}$

011

정답 4 / $\dfrac{7}{9}$

해설 분모 36과 분자 28의 최대공약수 4로 약분하면 더 이상 약분할 수 없는 기약분수로 나타낼 수 있습니다.

$$\begin{array}{r|rr} 4 & 36 & 28 \\ \hline & 9 & 7 \end{array}$$
$$\begin{array}{r|rr} 2 & 36 & 28 \\ 2 & 18 & 14 \\ \hline & 9 & 7 \end{array}$$

$\dfrac{28}{36}=\dfrac{28\div 4}{36\div 4}=\dfrac{7}{9}$

012

정답 4 / $\dfrac{5}{13}$

해설 분모 52와 분자 20의 최대공약수 4로 약분하면 더 이상 약분할 수 없는 기약분수로 나타낼 수 있습니다.

$$\begin{array}{r|rr} 4 & 52 & 20 \\ \hline & 13 & 5 \end{array}$$
$$\begin{array}{r|rr} 2 & 52 & 20 \\ 2 & 26 & 10 \\ \hline & 13 & 5 \end{array}$$

$\dfrac{20}{52}=\dfrac{20\div 4}{52\div 4}=\dfrac{5}{13}$

013

정답 8 / $\dfrac{3}{4}$

해설 분모 32와 분자 24의 최대공약수 $2\times 2\times 2=8$로 약분하면 더 이상 약분할 수 없는 기약분수로 나타낼 수 있습니다.

$$\begin{array}{r|rr} 2 & 32 & 24 \\ 2 & 16 & 12 \\ 2 & 8 & 6 \\ \hline & 4 & 3 \end{array}$$
$$\begin{array}{r|rr} 8 & 32 & 24 \\ \hline & 4 & 3 \end{array}$$

$\dfrac{24}{32}=\dfrac{24\div 8}{32\div 8}=\dfrac{3}{4}$

014

정답 $12 \, / \, \dfrac{2}{3}$

해설 분모 36과 분자 24의 최대공약수 $2 \times 2 \times 3 = 12$
로 약분하면 더 이상 약분할 수 없는 기약분수로
나타낼 수 있습니다.

$$
\begin{array}{r|cc}
2 & 36 & 24 \\ \hline
2 & 18 & 12 \\ \hline
3 & 9 & 6 \\ \hline
& 3 & 2
\end{array}
\qquad
\begin{array}{r|cc}
12 & 36 & 24 \\ \hline
& 3 & 2
\end{array}
$$

$$\dfrac{24}{36} = \dfrac{24 \div 12}{36 \div 12} = \dfrac{2}{3}$$

015

정답 $8 \, / \, \dfrac{5}{8}$

해설 분모 64와 분자 40의 최대공약수 $2 \times 2 \times 2 = 8$로
약분하면 더 이상 약분할 수 없는 기약분수로 나
타낼 수 있습니다.

$$
\begin{array}{r|cc}
2 & 64 & 40 \\ \hline
2 & 32 & 20 \\ \hline
2 & 16 & 10 \\ \hline
& 8 & 5
\end{array}
\qquad
\begin{array}{r|cc}
8 & 64 & 40 \\ \hline
& 8 & 5
\end{array}
$$

$$\dfrac{40}{64} = \dfrac{40 \div 8}{64 \div 8} = \dfrac{5}{8}$$

016

정답 $\left(\dfrac{36}{63}, \dfrac{35}{63} \right)$

해설 $\left(\dfrac{4}{7}, \dfrac{5}{9} \right) \rightarrow \left(\dfrac{4 \times 9}{7 \times 9}, \dfrac{5 \times 7}{9 \times 7} \right) = \left(\dfrac{36}{63}, \dfrac{35}{63} \right)$

017

정답 $\left(\dfrac{10}{60}, \dfrac{54}{60} \right)$

해설 $\left(\dfrac{1}{6}, \dfrac{9}{10} \right) \rightarrow \left(\dfrac{1 \times 10}{6 \times 10}, \dfrac{9 \times 6}{10 \times 6} \right) = \left(\dfrac{10}{60}, \dfrac{54}{60} \right)$

018

정답 $\left(\dfrac{49}{35}, \dfrac{55}{35} \right)$ 또는 $\left(1\dfrac{14}{35}, 1\dfrac{20}{35} \right)$

해설 $\left(1\dfrac{2}{5}, 1\dfrac{4}{7} \right) \rightarrow \left(\dfrac{7}{5}, \dfrac{11}{7} \right)$

$\rightarrow \left(\dfrac{7 \times 7}{5 \times 7}, \dfrac{11 \times 5}{7 \times 5} \right) = \left(\dfrac{49}{35}, \dfrac{55}{35} \right)$

019

정답 $\left(\dfrac{7}{28}, \dfrac{20}{28} \right)$

해설 4와 7의 최소공배수는 $4 \times 7 = 28$입니다.

$\left(\dfrac{1}{4}, \dfrac{5}{7} \right) \rightarrow \left(\dfrac{1 \times 7}{4 \times 7}, \dfrac{5 \times 4}{7 \times 4} \right) = \left(\dfrac{7}{28}, \dfrac{20}{28} \right)$

020

정답 $\left(\dfrac{9}{12}, \dfrac{10}{12} \right)$

해설 4와 6의 최소공배수는 $2 \times 2 \times 3 = 12$입니다.

$$
\begin{array}{r|cc}
2 & 4 & 6 \\ \hline
& 2 & 3
\end{array}
$$

$\left(\dfrac{3}{4}, \dfrac{5}{6} \right) \rightarrow \left(\dfrac{3 \times 3}{4 \times 3}, \dfrac{5 \times 2}{6 \times 2} \right) = \left(\dfrac{9}{12}, \dfrac{10}{12} \right)$

021

정답 $\left(\dfrac{32}{60}, \dfrac{27}{60} \right)$

해설 15와 20의 최소공배수는 $5 \times 3 \times 4 = 60$입니다.

$$
\begin{array}{r|cc}
5 & 15 & 20 \\ \hline
& 3 & 4
\end{array}
$$

$\left(\dfrac{8}{15}, \dfrac{9}{20} \right) \rightarrow \left(\dfrac{8 \times 4}{15 \times 4}, \dfrac{9 \times 3}{20 \times 3} \right) = \left(\dfrac{32}{60}, \dfrac{27}{60} \right)$

응용문제도전하기 본문 p. 27

001

정답 2개

해설 $\dfrac{3}{4} = \dfrac{3 \times 7}{4 \times 7} = \dfrac{21}{28}$

$= \dfrac{3 \times 8}{4 \times 8} = \dfrac{24}{32}$

$= \dfrac{3 \times 9}{4 \times 9} = \dfrac{27}{36}$

$= \dfrac{3 \times 10}{4 \times 10} = \dfrac{30}{40}$

따라서 $\dfrac{3}{4}$과 크기가 같고 분모가 30보다 크고 40
보다 작은 분수는 $\dfrac{24}{32}, \dfrac{27}{36}$로 모두 2개입니다.

002

정답 $\dfrac{12}{18}$

해설 $\dfrac{2}{3} = \dfrac{4}{6} = \dfrac{6}{9} = \dfrac{8}{12} = \dfrac{10}{15} = \dfrac{12}{18} = \dfrac{14}{21} = \cdots$

따라서 $\dfrac{2}{3}$와 크기가 같고 분모와 분자의 합이
30인 분수는 $\dfrac{12}{18}$입니다.

003

정답 27

해설 $\frac{3}{4}$의 분모에 36을 더하면 분모는 40입니다.

$\frac{3}{4}$과 크기가 같고 분모가 40인 분수는

$\frac{3}{4} = \frac{3 \times 10}{4 \times 10} = \frac{30}{40}$입니다.

따라서 분자에 더한 어떤 수는 27입니다.

004

정답 2, 3, 6

해설 $\frac{18}{30}$은 30과 18의 최대공약수 6의 약수 1, 2, 3, 6 으로 약분할 수 있습니다.

$$6 \,) \underline{\quad 30 \quad 18 \quad}$$
$$\qquad 5 \qquad 3$$

005

정답 16

해설 $\frac{32}{48} = \frac{32 \div 16}{48 \div 16} = \frac{2}{3}$와 같이 $\frac{32}{48}$를 16으로 약분하 였습니다.

006

정답 $\frac{7}{13}$

해설 $\frac{42}{78} = \frac{42 \div 6}{78 \div 6} = \frac{7}{13}$

007

정답 $\frac{63}{72}$

해설 $\frac{7}{8} = \frac{7 \times 9}{8 \times 9} = \frac{63}{72}$

008

정답 $\frac{35}{91}$

해설 $\frac{5}{13} = \frac{5 \times 6}{13 \times 6} = \frac{30}{78}$

$\qquad = \frac{5 \times 7}{13 \times 7} = \frac{35}{91}$

$\qquad = \frac{5 \times 8}{13 \times 8} = \frac{40}{104}$

따라서 약분하여 $\frac{5}{13}$가 되는 분수 중에서 분모가 가장 큰 두 자리 수인 분수는 $\frac{35}{91}$입니다.

009

정답 4개

해설 분모와 분자가 더 이상 약분되지 않는 분수를 기 약분수라고 합니다.

$\frac{\square}{12}$인 진분수는

$\frac{1}{12}$, $\frac{2}{12}$, $\frac{3}{12}$, $\frac{4}{12}$, $\frac{5}{12}$, $\frac{6}{12}$, $\frac{7}{12}$, $\frac{8}{12}$, $\frac{9}{12}$,

$\frac{10}{12}$, $\frac{11}{12}$

입니다. 이 중에서 분모와 분자가 더 이상 약분되 지 않는 분수는 $\frac{1}{12}$, $\frac{5}{12}$, $\frac{7}{12}$, $\frac{11}{12}$로 모두 4개입 니다.

010

정답 4개

해설 분모와 분자의 합이 16인 진분수는

$\frac{1}{15}$, $\frac{2}{14}$, $\frac{3}{13}$, $\frac{4}{12}$, $\frac{5}{11}$, $\frac{6}{10}$, $\frac{7}{9}$

입니다. 이 중에서 분모와 분자가 더 이상 약분되 지 않는 분수는 $\frac{1}{15}$, $\frac{3}{13}$, $\frac{5}{11}$, $\frac{7}{9}$로 모두 4개입 니다.

011

정답 $\frac{1}{6}$

해설 분모와 분자의 합이 28인 분수는 $\frac{1}{27}$, $\frac{2}{26}$, $\frac{3}{25}$,

$\frac{4}{24}$, $\frac{5}{23}$, $\frac{6}{22}$, …이고 이 분수 중에서 분모와

분자의 차가 20인 진분수는 $\frac{4}{24}$입니다.

이 진분수 $\frac{4}{24}$를 기약분수로 나타내면

$\frac{4}{24} = \frac{4 \div 4}{24 \div 4} = \frac{1}{6}$입니다.

012

정답 4개

해설 6과 8의 최소공배수는 $2 \times 3 \times 4 = 24$입니다.

$$2 \,) \underline{\quad 6 \quad 8 \quad}$$
$$\qquad 3 \quad 4$$

$\left(\frac{1}{6}, \frac{3}{8} \right) \rightarrow \left(\frac{1 \times 4}{6 \times 4}, \frac{3 \times 3}{8 \times 3} \right) = \left(\frac{4}{24}, \frac{9}{24} \right)$

따라서 $\frac{1}{6}$과 $\frac{3}{8}$ 사이에 있는 분모가 24인 분수는

$\frac{5}{24}$, $\frac{6}{24}$, $\frac{7}{24}$, $\frac{8}{24}$로 모두 4개입니다.

013

정답 12

해설 20과 12의 최소공배수는 $4 \times 5 \times 3 = 60$입니다.

$$
\begin{array}{r|rr}
4 & 20 & 12 \\
\hline
& 5 & 3
\end{array}
$$

$$
\frac{\square}{20} > \frac{7}{12} \rightarrow \frac{\square \times 3}{20 \times 3} > \frac{7 \times 5}{12 \times 5}
$$

$$
\rightarrow \frac{\square \times 3}{60} > \frac{35}{60}
$$

$$
\rightarrow \square \times 3 > 35
$$

따라서 □ 안에 들어갈 수 있는 수는

12, 13, 14, …

입니다. 이 중에서 가장 작은 자연수는 12입니다.

014

정답 영희

해설 $2\frac{4}{9}$와 $2\frac{7}{15}$에서 대분수 2가 서로 같으므로 두 진

분수 $\frac{4}{9}$, $\frac{7}{15}$의 크기를 비교합니다.

9와 15의 최소공배수는 $3 \times 3 \times 5 = 45$입니다.

$$
\begin{array}{r|rr}
3 & 9 & 15 \\
\hline
& 3 & 5
\end{array}
$$

$$
\left(\frac{4}{9}, \frac{7}{15} \right) \rightarrow \left(\frac{4 \times 5}{9 \times 5}, \frac{7 \times 3}{15 \times 3} \right) = \left(\frac{20}{45}, \frac{21}{45} \right)
$$

$\frac{20}{45} < \frac{21}{45}$이므로 $\frac{4}{9} < \frac{7}{15}$, $2\frac{4}{9} < 2\frac{7}{15}$입니다.

따라서 우유를 더 많이 마신 사람은 영희입니다.

DAY 07 분수의 덧셈과 뺄셈

개념이해하기 본문 p. 29

001

정답 1

해설 $\frac{2}{7} + \frac{5}{7} = \frac{2+5}{7} = \frac{7}{7} = 1$

002

정답 $\frac{2}{7}$

해설 $\frac{6}{7} - \frac{4}{7} = \frac{6-4}{7} = \frac{2}{7}$

003

정답 1

해설 $\frac{6}{7} + \frac{3}{7} - \frac{2}{7} = \frac{6+3-2}{7} = \frac{7}{7} = 1$

004

정답 $1\frac{1}{2}$

해설 $1 + \frac{3}{4} - \frac{1}{4} = \frac{4}{4} + \frac{3}{4} - \frac{1}{4} = \frac{4+3-1}{4}$

$$
= \frac{\overset{3}{\cancel{6}}}{\underset{2}{\cancel{4}}} = \frac{3}{2} = 1\frac{1}{2}
$$

해설 $1 + \left(\frac{3}{4} - \frac{1}{4} \right) = 1 + \frac{\overset{1}{\cancel{2}}}{\underset{2}{\cancel{4}}} = 1 + \frac{1}{2} = 1\frac{1}{2}$

005

정답 $1\frac{1}{4}$

해설 $\frac{5}{8} + 1 - \frac{3}{8} = \frac{5}{8} + \frac{8}{8} - \frac{3}{8} = \frac{5+8-3}{8}$

$$
= \frac{\overset{5}{\cancel{10}}}{\underset{4}{\cancel{8}}} = \frac{5}{4} = 1\frac{1}{4}
$$

006

정답 0

해설 $\frac{7}{12} + \frac{5}{12} - 1 = \frac{7}{12} + \frac{5}{12} - \frac{12}{12}$

$$
= \frac{7+5-12}{12} = \frac{0}{12}
$$

$$
= 0
$$

$$=\frac{19-8+12}{5}$$

$$=\frac{23}{5}=4\frac{3}{5}$$

007

정답 $3\frac{2}{5}$

해설 $2+1\frac{2}{5}=(2+1)+\frac{2}{5}=3+\frac{2}{5}=3\frac{2}{5}$

008

정답 $5\frac{3}{5}$

해설 $2\frac{1}{5}+3\frac{2}{5}=(2+3)+(\frac{1}{5}+\frac{2}{5})=5+\frac{3}{5}=5\frac{3}{5}$

009

정답 $7\frac{1}{5}$

해설 $3\frac{1}{5}+2\frac{2}{5}+1\frac{3}{5}=(3+2+1)+(\frac{1}{5}+\frac{2}{5}+\frac{3}{5})$

$$=6+\frac{6}{5}=6+1\frac{1}{5}$$

$$=(6+1)+\frac{1}{5}=7+\frac{1}{5}=7\frac{1}{5}$$

010

정답 $\frac{3}{5}$

해설 $2-1\frac{2}{5}=1\frac{5}{5}-1\frac{2}{5}=(1-1)+(\frac{5}{5}-\frac{2}{5})$

$$=0+\frac{3}{5}=\frac{3}{5}$$

011

정답 $1\frac{3}{5}$

해설 $3\frac{4}{5}-2\frac{1}{5}=(3-2)+(\frac{4}{5}-\frac{1}{5})$

$$=1+\frac{3}{5}=1\frac{3}{5}$$

012

정답 $4\frac{3}{5}$

해설 $3\frac{4}{5}-1\frac{3}{5}+\frac{12}{5}=3\frac{4}{5}-1\frac{3}{5}+2\frac{2}{5}$

$$=(3-1+2)+(\frac{4}{5}-\frac{3}{5}+\frac{2}{5})$$

$$=4+\frac{3}{5}=4\frac{3}{5}$$

해설 대분수를 가분수로 고쳐서 계산하면 편리합니다.

$$3\frac{4}{5}-1\frac{3}{5}+\frac{12}{5}=\frac{19}{5}-\frac{8}{5}+\frac{12}{5}$$

013

정답 $3\frac{3}{5}$

해설 $4\frac{2}{5}-\frac{4}{5}=(3+1\frac{2}{5})-\frac{4}{5}$

$$=(3+\frac{7}{5})-\frac{4}{5}$$

$$=3+(\frac{7}{5}-\frac{4}{5})$$

$$=3+\frac{3}{5}=3\frac{3}{5}$$

참고 $\frac{2}{5}<\frac{4}{5}$이므로 $\frac{2}{5}-\frac{4}{5}$에서 분자의 계산 결과가 0 보다 작아집니다. 이때는 자연수 4에서 1만큼 받 아내림합니다.

해설 대분수를 가분수로 고쳐서 계산하면 편리합니다.

$$4\frac{2}{5}-\frac{4}{5}=\frac{22}{5}-\frac{4}{5}=\frac{18}{5}=3\frac{3}{5}$$

014

정답 $2\frac{3}{7}$

해설 $6\frac{1}{7}-3\frac{5}{7}=(5+1\frac{1}{7})-3\frac{5}{7}$

$$=(5+\frac{8}{7})-3\frac{5}{7}$$

$$=(5-3)+(\frac{8}{7}-\frac{5}{7})$$

$$=2+\frac{3}{7}=2\frac{3}{7}$$

참고 $\frac{1}{7}<\frac{5}{7}$이므로 $\frac{1}{7}-\frac{5}{7}$에서 분자의 계산 결과가 0 보다 작아집니다. 이때는 자연수 6에서 1만큼 받 아내림합니다.

해설 대분수를 가분수로 고쳐서 계산하면 편리합니다.

$$6\frac{1}{7}-3\frac{5}{7}=\frac{43}{7}-\frac{26}{7}=\frac{17}{7}=2\frac{3}{7}$$

015

정답 $3\frac{1}{3}$

해설 $5\frac{2}{9}-3\frac{7}{9}+\frac{17}{9}$

$$=5\frac{2}{9}-3\frac{7}{9}+1\frac{8}{9}$$

$$=\left(4+1\frac{2}{9}\right)-3\frac{7}{9}+1\frac{8}{9}$$

$$=\left(4+\frac{11}{9}\right)-3\frac{7}{9}+1\frac{8}{9}$$

$$=(4-3+1)+\left(\frac{11}{9}-\frac{7}{9}+\frac{8}{9}\right)$$

$$=2+\frac{\overset{4}{\cancel{12}}}{\underset{3}{\cancel{9}}}=2+\frac{4}{3}=2+1\frac{1}{3}$$

$$=(2+1)+\frac{1}{3}=3+\frac{1}{3}$$

$$=3\frac{1}{3}$$

참고 $\frac{2}{9}<\frac{7}{9}$이므로 $\frac{2}{9}-\frac{7}{9}$에서 분자의 계산 결과가 0 보다 작아집니다. 이때는 자연수 5에서 1만큼 받아내림합니다.

해설 대분수를 가분수로 고쳐서 계산하면 편리합니다.

$$5\frac{2}{9}-3\frac{7}{9}+\frac{17}{9}=\frac{47}{9}-\frac{34}{9}+\frac{17}{9}$$

$$=\frac{47-34+17}{9}$$

$$=\frac{\overset{10}{\cancel{30}}}{\underset{3}{\cancel{9}}}=\frac{10}{3}=3\frac{1}{3}$$

016

정답 $1\frac{5}{12}$

해설 3과 4의 최소공배수는 12입니다.

$$\frac{2}{3}+\frac{3}{4}=\frac{2\times4}{3\times4}+\frac{3\times3}{4\times3}$$

$$=\frac{8}{12}+\frac{9}{12}=\frac{17}{12}$$

$$=1\frac{5}{12}$$

017

정답 $1\frac{3}{8}$

해설 4와 8의 최소공배수는 $4\times1\times2=8$입니다.

$$
\begin{array}{c|cc}
4 & 4 & 8 \\
\hline
 & 1 & 2 \\
\end{array}
$$

$$\frac{3}{4}+\frac{5}{8}=\frac{3\times2}{4\times2}+\frac{5}{8}$$

$$=\frac{6}{8}+\frac{5}{8}=\frac{11}{8}=1\frac{3}{8}$$

018

정답 $1\frac{7}{24}$

해설 세 수의 최소공배수는 (두 수의 최소공배수)와

(나머지 한 수)의 최소공배수를 구하면 됩니다.

$$
\begin{array}{c|cc}
2 & 6 & 8 \\
\hline
 & 3 & 4 \\
\end{array}
$$

6과 8의 최소공배수는 $2\times3\times4=24$입니다.

$$
\begin{array}{c|cc}
12 & 24 & 12 \\
\hline
 & 2 & 1 \\
\end{array}
$$

24와 12의 최소공배수는 $12\times2\times1=24$입니다.

$$\frac{5}{6}+\frac{3}{8}+\frac{1}{12}=\frac{5\times4}{6\times4}+\frac{3\times3}{8\times3}+\frac{1\times2}{12\times2}$$

$$=\frac{20}{24}+\frac{9}{24}+\frac{2}{24}$$

$$=\frac{31}{24}=1\frac{7}{24}$$

019

정답 $3\frac{5}{6}$

해설 $1\frac{1}{2}+2\frac{1}{3}=(1+2)+\left(\frac{1}{2}+\frac{1}{3}\right)$

$$=3+\left(\frac{1\times3}{2\times3}+\frac{1\times2}{3\times2}\right)$$

$$=3+\left(\frac{3}{6}+\frac{2}{6}\right)=3+\frac{5}{6}$$

$$=3\frac{5}{6}$$

해설 $1\frac{1}{2}+2\frac{1}{3}=\frac{3}{2}+\frac{7}{3}$

$$=\frac{3\times3}{2\times3}+\frac{7\times2}{3\times2}=\frac{9}{6}+\frac{14}{6}$$

$$=\frac{23}{6}=3\frac{5}{6}$$

020

정답 $3\frac{11}{18}$

해설 6과 9의 최소공배수는 $3\times2\times3=18$입니다.

$$
\begin{array}{c|cc}
3 & 6 & 9 \\
\hline
 & 2 & 3 \\
\end{array}
$$

$$1\frac{1}{6}+2\frac{4}{9}=(1+2)+\left(\frac{1}{6}+\frac{4}{9}\right)$$

$$=3+\left(\frac{1\times3}{6\times3}+\frac{4\times2}{9\times2}\right)$$

$$=3+\left(\frac{3}{18}+\frac{8}{18}\right)$$

$$=3+\frac{11}{18}=3\frac{11}{18}$$

해설 $1\frac{1}{6}+2\frac{4}{9}=\frac{7}{6}+\frac{22}{9}$

$$=\frac{7\times3}{6\times3}+\frac{22\times2}{9\times2}=\frac{21}{18}+\frac{44}{18}$$
$$=\frac{65}{18}=3\frac{11}{18}$$

021

정답 $6\frac{23}{24}$

해설 세 수의 최소공배수는 (두 수의 최소공배수)와 (나머지 한 수)의 최소공배수를 구하면 됩니다.

$$\begin{array}{r|ll} 2 & 6 & 8 \\ \hline & 3 & 4 \end{array}$$

6과 8의 최소공배수는 $2\times3\times4=24$입니다.

$$\begin{array}{r|ll} 12 & 24 & 12 \\ \hline & 2 & 1 \end{array}$$

24와 12의 최소공배수는 $12\times2\times1=24$입니다.

$$3\frac{1}{6}+2\frac{3}{8}+1\frac{5}{12}$$
$$=(3+2+1)+(\frac{1}{6}+\frac{3}{8}+\frac{5}{12})$$
$$=6+(\frac{1\times4}{6\times4}+\frac{3\times3}{8\times3}+\frac{5\times2}{12\times2})$$
$$=6+(\frac{4}{24}+\frac{9}{24}+\frac{10}{24})$$
$$=6+\frac{23}{24}=6\frac{23}{24}$$

022

정답 $1\frac{1}{12}$

해설 4와 3의 최소공배수는 12입니다.

$$\frac{11}{4}-1\frac{2}{3}=2\frac{3}{4}-1\frac{2}{3}$$
$$=(2-1)+(\frac{3}{4}-\frac{2}{3})$$
$$=1+(\frac{3\times3}{4\times3}-\frac{2\times4}{3\times4})$$
$$=1+(\frac{9}{12}-\frac{8}{12})$$
$$=1+\frac{1}{12}=1\frac{1}{12}$$

해설 $\frac{11}{4}-1\frac{2}{3}=\frac{11}{4}-\frac{5}{3}=\frac{11\times3}{4\times3}-\frac{5\times4}{3\times4}$
$$=\frac{33}{12}-\frac{20}{12}=\frac{13}{12}=1\frac{1}{12}$$

023

정답 $1\frac{11}{12}$

해설
$$\begin{array}{r|ll} 2 & 4 & 6 \\ \hline & 2 & 3 \end{array}$$

4와 6의 최소공배수는 $2\times2\times3=12$입니다.

$$3\frac{3}{4}-1\frac{5}{6}=(2+1\frac{3}{4})-1\frac{5}{6}$$
$$=(2+\frac{7}{4})-1\frac{5}{6}$$
$$=(2-1)+(\frac{7}{4}-\frac{5}{6})$$
$$=1+(\frac{7\times3}{4\times3}-\frac{5\times2}{6\times2})$$
$$=1+(\frac{21}{12}-\frac{10}{12})$$
$$=1+\frac{11}{12}=1\frac{11}{12}$$

참고 $\frac{3}{4}\left(=\frac{9}{12}\right)<\frac{5}{6}\left(=\frac{10}{12}\right)$이므로 $\frac{3}{4}-\frac{5}{6}$에서 분자의 계산 결과가 0보다 작아집니다. 이때는 자연수 3에서 1만큼 받아내림합니다.

해설 $3\frac{3}{4}-1\frac{5}{6}=\frac{15}{4}-\frac{11}{6}$
$$=\left(\frac{15\times3}{4\times3}-\frac{11\times2}{6\times2}\right)=\frac{45}{12}-\frac{22}{12}$$
$$=\frac{23}{12}=1\frac{11}{12}$$

024

정답 $1\frac{8}{9}$

해설
$$\begin{array}{r|ll} 3 & 6 & 9 \\ \hline & 2 & 3 \end{array}$$

6과 9의 최소공배수는 $3\times2\times3=18$입니다.

$$4\frac{1}{6}-2\frac{2}{9}-\frac{1}{18}$$
$$=(3+1\frac{1}{6})-2\frac{2}{9}-\frac{1}{18}$$
$$=(3+\frac{7}{6})-2\frac{2}{9}-\frac{1}{18}$$
$$=(3-2)+(\frac{7}{6}-\frac{2}{9}-\frac{1}{18})$$
$$=1+(\frac{7\times3}{6\times3}-\frac{2\times2}{9\times2}-\frac{1}{18})$$
$$=1+(\frac{21}{18}-\frac{4}{18}-\frac{1}{18})$$
$$=1+\frac{\overset{8}{\cancel{16}}}{\underset{9}{\cancel{18}}}=1+\frac{8}{9}=1\frac{8}{9}$$

참고 $\frac{1}{6}\left(=\frac{3}{18}\right)<\frac{2}{9}\left(=\frac{4}{18}\right)$이므로 $\frac{1}{6}-\frac{2}{9}$에서 분자의 계산 결과가 0보다 작아집니다. 이때는 자연수 4에서 1만큼받아내림합니다.

해설 $4\frac{1}{6}-2\frac{2}{9}-\frac{1}{18}=\frac{25}{6}-\frac{20}{9}-\frac{1}{18}$

$\qquad = \frac{25\times3}{6\times3}-\frac{20\times2}{9\times2}-\frac{1}{18}$

$\qquad = \frac{75}{18}-\frac{40}{18}-\frac{1}{18}$

$\qquad = \frac{\overset{17}{\cancel{34}}}{\underset{9}{\cancel{18}}}=\frac{17}{9}=1\frac{8}{9}$

문제수준높이기 본문 p. 30

001

정답 $1\frac{1}{5}$

해설 $\frac{1}{5}+\frac{2}{5}+\frac{3}{5}=\frac{1+2+3}{5}=\frac{6}{5}=1\frac{1}{5}$

002

정답 $\frac{4}{7}$

해설 $\frac{6}{7}-\frac{4}{7}+\frac{2}{7}=\frac{6-4+2}{7}=\frac{4}{7}$

003

정답 $\frac{5}{9}$

해설 $\frac{7}{9}+\frac{2}{9}-\frac{4}{9}=\frac{7+2-4}{9}=\frac{5}{9}$

004

정답 $2\frac{4}{5}$

해설 $2+\frac{1}{5}+\frac{3}{5}=2+\left(\frac{1}{5}+\frac{3}{5}\right)$

$\qquad = 2+\frac{4}{5}=2\frac{4}{5}$

005

정답 $\frac{1}{2}$

해설 $\frac{7}{8}+\frac{5}{8}-1=\frac{7}{8}+\frac{5}{8}-\frac{8}{8}$

$\qquad = \frac{7+5-8}{8}=\frac{\overset{1}{\cancel{4}}}{\underset{2}{\cancel{8}}}=\frac{1}{2}$

006

정답 $2\frac{2}{9}$

해설 $2-\frac{2}{9}+\frac{4}{9}=\frac{18}{9}-\frac{2}{9}+\frac{4}{9}$

$\qquad = \frac{18-2+4}{9}=\frac{20}{9}$

$\qquad = 2\frac{2}{9}$

007

정답 $4\frac{1}{7}$

해설 $2+1\frac{2}{7}+\frac{6}{7}=(2+1)+\left(\frac{2}{7}+\frac{6}{7}\right)$

$\qquad = 3+\frac{8}{7}=3+1\frac{1}{7}$

$\qquad = (3+1)+\frac{1}{7}=4+\frac{1}{7}=4\frac{1}{7}$

008

정답 $7\frac{1}{7}$

해설 $3\frac{1}{7}+\frac{18}{7}+1\frac{3}{7}=3\frac{1}{7}+2\frac{4}{7}+1\frac{3}{7}$

$\qquad = (3+2+1)+\left(\frac{1}{7}+\frac{4}{7}+\frac{3}{7}\right)$

$\qquad = 6+\frac{8}{7}=6+1\frac{1}{7}$

$\qquad = (6+1)+\frac{1}{7}=7+\frac{1}{7}=7\frac{1}{7}$

009

정답 $\frac{5}{7}$

해설 $3\frac{4}{7}-2\frac{5}{7}-\frac{1}{7}=\left(2+1\frac{4}{7}\right)-2\frac{5}{7}-\frac{1}{7}$

$\qquad = \left(2+\frac{11}{7}\right)-2\frac{5}{7}-\frac{1}{7}$

$\qquad = (2-2)+\left(\frac{11}{7}-\frac{5}{7}-\frac{1}{7}\right)$

$\qquad = 0+\frac{5}{7}=\frac{5}{7}$

참고 $\frac{4}{7}<\frac{5}{7}$이므로 $\frac{4}{7}-\frac{5}{7}$에서 분자의 계산 결과가 0보다 작아집니다. 이때는 자연수 3에서 1만큼 받아내림합니다.

해설 대분수를 가분수로 고쳐서 계산하면 편리합니다.

$3\frac{4}{7}-2\frac{5}{7}-\frac{1}{7}=\frac{25}{7}-\frac{19}{7}-\frac{1}{7}$

$\qquad = \frac{25-19-1}{7}=\frac{5}{7}$

010

정답 $2\dfrac{2}{3}$

해설 $4-3\dfrac{2}{3}+2\dfrac{1}{3}=(3+\dfrac{3}{3})-3\dfrac{2}{3}+2\dfrac{1}{3}$

$\qquad\qquad\qquad =(3-3+2)+(\dfrac{3}{3}-\dfrac{2}{3}+\dfrac{1}{3})$

$\qquad\qquad\qquad =2+\dfrac{2}{3}=2\dfrac{2}{3}$

해설 $4-3\dfrac{2}{3}+2\dfrac{1}{3}=\dfrac{12}{3}-\dfrac{11}{3}+\dfrac{7}{3}$

$\qquad\qquad\qquad =\dfrac{12-11+7}{3}=\dfrac{8}{3}=2\dfrac{2}{3}$

011

정답 $2\dfrac{4}{5}$

해설 $4\dfrac{1}{5}+2\dfrac{2}{5}-3\dfrac{4}{5}=4\dfrac{1}{5}+(1+1\dfrac{2}{5})-3\dfrac{4}{5}$

$\qquad\qquad\qquad\quad =4\dfrac{1}{5}+(1+\dfrac{7}{5})-3\dfrac{4}{5}$

$\qquad\qquad\qquad\quad =(4+1-3)+(\dfrac{1}{5}+\dfrac{7}{5}-\dfrac{4}{5})$

$\qquad\qquad\qquad\quad =2+\dfrac{4}{5}=2\dfrac{4}{5}$

참고 $\dfrac{2}{5}<\dfrac{4}{5}$이므로 $\dfrac{2}{5}-\dfrac{4}{5}$에서 분자의 계산 결과가 0 보다 작아집니다. 이때는 자연수 2에서 1만큼 받아내림합니다.

해설 $4\dfrac{1}{5}+2\dfrac{2}{5}-3\dfrac{4}{5}=\dfrac{21}{5}+\dfrac{12}{5}-\dfrac{19}{5}$

$\qquad\qquad\qquad\quad =\dfrac{21+12-19}{5}=\dfrac{14}{5}=2\dfrac{4}{5}$

012

정답 $3\dfrac{3}{7}$

해설 $4\dfrac{2}{7}-2\dfrac{5}{7}+1\dfrac{6}{7}=(3+1\dfrac{2}{7})-2\dfrac{5}{7}+1\dfrac{6}{7}$

$\qquad\qquad\qquad\quad =(3+\dfrac{9}{7})-2\dfrac{5}{7}+1\dfrac{6}{7}$

$\qquad\qquad\qquad\quad =(3-2+1)+(\dfrac{9}{7}-\dfrac{5}{7}+\dfrac{6}{7})$

$\qquad\qquad\qquad\quad =2+\dfrac{10}{7}=2+1\dfrac{3}{7}$

$\qquad\qquad\qquad\quad =(2+1)+\dfrac{3}{7}=3+\dfrac{3}{7}$

$\qquad\qquad\qquad\quad =3\dfrac{3}{7}$

참고 $\dfrac{2}{7}<\dfrac{5}{7}$이므로 $\dfrac{2}{7}-\dfrac{5}{7}$에서 분자의 계산 결과가 0 보다 작아집니다. 이때는 자연수 4에서 1만큼 받아내림합니다.

해설 $4\dfrac{2}{7}-2\dfrac{5}{7}+1\dfrac{6}{7}=\dfrac{30}{7}-\dfrac{19}{7}+\dfrac{13}{7}$

$\qquad\qquad\qquad\quad =\dfrac{30-19+13}{7}=\dfrac{24}{7}=3\dfrac{3}{7}$

013

정답 $\dfrac{7}{8}$

해설 2와 4의 최소공배수는 4입니다.
4와 8의 최소공배수는 8입니다.

$\dfrac{1}{2}+\dfrac{1}{4}+\dfrac{1}{8}=\dfrac{1\times4}{2\times4}+\dfrac{1\times2}{4\times2}+\dfrac{1}{8}$

$\qquad\qquad\quad =\dfrac{4}{8}+\dfrac{2}{8}+\dfrac{1}{8}$

$\qquad\qquad\quad =\dfrac{7}{8}$

014

정답 2

해설 2와 3의 최소공배수는 6입니다.

$\dfrac{1}{2}+\dfrac{2}{3}+\dfrac{5}{6}=\dfrac{1\times3}{2\times3}+\dfrac{2\times2}{3\times2}+\dfrac{5}{6}$

$\qquad\qquad\quad =\dfrac{3}{6}+\dfrac{4}{6}+\dfrac{5}{6}$

$\qquad\qquad\quad =\dfrac{12}{6}=2$

015

정답 $2\dfrac{1}{6}$

해설 4와 6의 최소공배수는 12입니다.

$\dfrac{3}{4}+\dfrac{5}{6}+\dfrac{7}{12}=\dfrac{3\times3}{4\times3}+\dfrac{5\times2}{6\times2}+\dfrac{7}{12}$

$\qquad\qquad\qquad =\dfrac{9}{12}+\dfrac{10}{12}+\dfrac{7}{12}$

$\qquad\qquad\qquad =\dfrac{\overset{13}{\cancel{26}}}{\underset{6}{\cancel{12}}}=\dfrac{13}{6}=2\dfrac{1}{6}$

016

정답 $4\dfrac{1}{30}$

해설 2와 3의 최소공배수는 6입니다.
6과 5의 최소공배수는 30입니다.

$1\dfrac{1}{2}+1\dfrac{1}{3}+1\dfrac{1}{5}=(1+1+1)+\left(\dfrac{1}{2}+\dfrac{1}{3}+\dfrac{1}{5}\right)$

$\qquad\qquad\qquad =3+\left(\dfrac{1\times15}{2\times15}+\dfrac{1\times10}{3\times10}+\dfrac{1\times6}{5\times6}\right)$

$\qquad\qquad\qquad =3+\left(\dfrac{15}{30}+\dfrac{10}{30}+\dfrac{6}{30}\right)$

$$=3+\frac{31}{30}=3+1\frac{1}{30}=4\frac{1}{30}$$

017

정답 $5\frac{7}{18}$

해설 3과 6의 최소공배수는 6입니다.

6과 9의 최소공배수는 18입니다.

$$1\frac{1}{3}+2\frac{5}{6}+\frac{11}{9}=1\frac{1}{3}+2\frac{5}{6}+1\frac{2}{9}$$
$$=(1+2+1)+\left(\frac{1}{3}+\frac{5}{6}+\frac{2}{9}\right)$$
$$=4+\left(\frac{1\times6}{3\times6}+\frac{5\times3}{6\times3}+\frac{2\times2}{9\times2}\right)$$
$$=4+\left(\frac{6}{18}+\frac{15}{18}+\frac{4}{18}\right)$$
$$=4+\frac{25}{18}=4+1\frac{7}{18}=5\frac{7}{18}$$

018

정답 $5\frac{7}{24}$

해설 6과 8의 최소공배수는 24입니다.

24와 12의 최소공배수는 24입니다.

$$2\frac{5}{6}+1\frac{3}{8}+1\frac{1}{12}$$
$$=(2+1+1)+\left(\frac{5}{6}+\frac{3}{8}+\frac{1}{12}\right)$$
$$=(2+1+1)+\left(\frac{5\times4}{6\times4}+\frac{3\times3}{8\times3}+\frac{1\times2}{12\times2}\right)$$
$$=4+\left(\frac{20}{24}+\frac{9}{24}+\frac{2}{24}\right)$$
$$=4+\frac{31}{24}=4+1\frac{7}{24}=5\frac{7}{24}$$

019

정답 0

해설 2와 3의 최소공배수는 6입니다.

$$\frac{1}{2}-\frac{1}{3}-\frac{1}{6}=\frac{1\times3}{2\times3}-\frac{1\times2}{3\times2}-\frac{1}{6}$$
$$=\frac{3}{6}-\frac{2}{6}-\frac{1}{6}$$
$$=\frac{3-2-1}{6}=\frac{0}{6}=0$$

020

정답 $1\frac{1}{8}$

해설 2와 4의 최소공배수는 8입니다.

$$3\frac{1}{2}-2\frac{1}{4}-\frac{1}{8}=(3-2)+\left(\frac{1}{2}-\frac{1}{4}-\frac{1}{8}\right)$$

$$=1+\left(\frac{1\times4}{2\times4}-\frac{1\times2}{4\times2}-\frac{1}{8}\right)$$
$$=1+\left(\frac{4}{8}-\frac{2}{8}-\frac{1}{8}\right)$$
$$=1+\frac{4-2-1}{8}$$
$$=1+\frac{1}{8}=1\frac{1}{8}$$

021

정답 $1\frac{8}{9}$

해설 6과 9의 최소공배수는 18입니다.

$$4\frac{1}{6}-2\frac{2}{9}-\frac{1}{18}$$
$$=\left(3+1\frac{1}{6}\right)-2\frac{2}{9}-\frac{1}{18}$$
$$=\left(3+\frac{7}{6}\right)-2\frac{2}{9}-\frac{1}{18}$$
$$=(3-2)+\left(\frac{7}{6}-\frac{2}{9}-\frac{1}{18}\right)$$
$$=1+\left(\frac{7\times3}{6\times3}-\frac{2\times2}{9\times2}-\frac{1}{18}\right)$$
$$=1+\left(\frac{21}{18}-\frac{4}{18}-\frac{1}{18}\right)$$
$$=1+\frac{\overset{8}{16}}{\underset{9}{18}}=1+\frac{8}{9}$$
$$=1\frac{8}{9}$$

참고 $\dfrac{1}{6}-\dfrac{2}{9}-\dfrac{1}{18}=\dfrac{1\times3}{6\times3}-\dfrac{2\times2}{9\times2}-\dfrac{1}{18}$
$$=\frac{3}{18}-\frac{4}{18}-\frac{1}{18}$$
$$=\frac{3-4-1}{18}$$

에서 분자의 계산 결과가 0보다 작아집니다. 이 때는 자연수 4에서 1만큼 받아내림합니다.

022

정답 $\frac{7}{12}$

해설 4와 3의 최소공배수는 12입니다.

12와 2의 최소공배수는 12입니다.

$$3\frac{3}{4}-1\frac{2}{3}-1\frac{1}{2}$$
$$=\left(2+1\frac{3}{4}\right)-1\frac{2}{3}-1\frac{1}{2}$$
$$=\left(2+\frac{7}{4}\right)-1\frac{2}{3}-1\frac{1}{2}$$
$$=(2-1-1)+\left(\frac{7}{4}-\frac{2}{3}-\frac{1}{2}\right)$$

$$=0+(\frac{7\times3}{4\times3}-\frac{2\times4}{3\times4}-\frac{1\times6}{2\times6})$$

$$=\frac{21}{12}-\frac{8}{12}-\frac{6}{12}$$

$$=\frac{7}{12}$$

참고 $\frac{3}{4}-\frac{2}{3}-\frac{1}{2}=\frac{3\times3}{4\times3}-\frac{2\times4}{3\times4}-\frac{1\times6}{2\times6}$

$$=\frac{9}{12}-\frac{8}{12}-\frac{6}{12}$$

$$=\frac{9-8-6}{12}$$

에서 분자의 계산 결과가 0보다 작아집니다. 이 때는 자연수 3에서 1만큼 받아내림합니다.

023

정답 $1\frac{7}{12}$

해설 2와 4의 최소공배수는 4입니다.
4와 6의 최소공배수는 12입니다.

$$5\frac{1}{2}-2\frac{3}{4}-1\frac{1}{6}$$

$$=(4+1\frac{1}{2})-2\frac{3}{4}-1\frac{1}{6}$$

$$=(4+\frac{3}{2})-2\frac{3}{4}-1\frac{1}{6}$$

$$=(4-2-1)+(\frac{3}{2}-\frac{3}{4}-\frac{1}{6})$$

$$=1+(\frac{3\times6}{2\times6}-\frac{3\times3}{4\times3}-\frac{1\times2}{6\times2})$$

$$=1+(\frac{18}{12}-\frac{9}{12}-\frac{2}{12})$$

$$=1+\frac{7}{12}=1\frac{7}{12}$$

참고 $\frac{1}{2}-\frac{3}{4}-\frac{1}{6}=\frac{1\times6}{2\times6}-\frac{3\times3}{4\times3}-\frac{1\times2}{6\times2}$

$$=\frac{6}{12}-\frac{9}{12}-\frac{2}{12}$$

$$=\frac{6-9-2}{12}$$

에서 분자의 계산 결과가 0보다 작아집니다. 이 때는 자연수 5에서 1만큼 받아내림합니다.

024

정답 $1\frac{5}{18}$

해설 3과 6의 최소공배수는 6입니다.
6과 9의 최소공배수는 18입니다.

$$3\frac{2}{3}-1\frac{1}{6}-1\frac{2}{9}$$

$$=(3-1-1)+(\frac{2}{3}-\frac{1}{6}-\frac{2}{9})$$

$$=1+(\frac{2\times6}{3\times6}-\frac{1\times3}{6\times3}-\frac{2\times2}{9\times2})$$

$$=1+(\frac{12}{18}-\frac{3}{18}-\frac{4}{18})$$

$$=1+\frac{5}{18}=1\frac{5}{18}$$

응용문제도전하기   본문 p. 31

001

정답 8개

해설 $\frac{2}{11}+\frac{\square}{11}=\frac{2+\square}{11}$ 이고 이 계산 결과가 진분수이 므로 분자 $2+\square$는 분모 11보다 작아야 합니다.
즉, $2+\square<11$이어야 합니다.
따라서 $\square=1,\ 2,\ 3,\ 4,\ 5,\ 6,\ 7,\ 8$로 모두 8개입 니다.

002

정답 $\frac{2}{3}$

해설 $\frac{2}{9}$와 $\frac{8}{9}$의 차는 $\frac{8}{9}-\frac{2}{9}=\frac{8-2}{9}=\frac{\overset{2}{6}}{\underset{3}{9}}=\frac{2}{3}$입니다.

003

정답 $\frac{2}{7}$

해설 분모가 7인 두 진분수를 $\frac{\square}{7}$, $\frac{\bigcirc}{7}(\square>\bigcirc)$이라 하면

$$\frac{\square}{7}+\frac{\bigcirc}{7}=\frac{\square+\bigcirc}{7}=\frac{5}{7}\rightarrow\square+\bigcirc=5$$

$$\frac{\square}{7}-\frac{\bigcirc}{7}=\frac{\square-\bigcirc}{7}=\frac{1}{7}\rightarrow\square-\bigcirc=1$$

입니다.
이것을 만족하는 것은 $\square=3$, $\bigcirc=2$일 때입니다.
따라서 두 진분수 중에서 작은 진분수는 $\frac{2}{7}$입니다.

004

정답 $3\frac{5}{9}$

해설 $7\frac{4}{9}$보다 $3\frac{8}{9}$만큼 작은 수는

$$7\frac{4}{9}-3\frac{8}{9}=(6+1\frac{4}{9})-3\frac{8}{9}$$

$$=(6+\frac{13}{9})-3\frac{8}{9}$$

$$=(6-3)+\left(\frac{13}{9}-\frac{8}{9}\right)$$

$$=3+\frac{5}{9}=3\frac{5}{9}$$

참고 $\frac{4}{9}<\frac{8}{9}$이므로 $\frac{4}{9}-\frac{8}{9}$에서 분자의 계산 결과가 0보다 작아집니다. 이때는 자연수 7에서 1만큼 받아내림합니다.

005

정답 $3\frac{6}{7}$

해설 $2\frac{3}{7}+3\frac{5}{7}=2\frac{2}{7}+\square$에서

$$\square=2\frac{3}{7}+3\frac{5}{7}-2\frac{2}{7}$$

$$=(2+3-2)+\left(\frac{3}{7}+\frac{5}{7}-\frac{2}{7}\right)$$

$$=3+\frac{6}{7}=3\frac{6}{7}$$

006

정답 $1\frac{6}{7}$

해설 어떤 대분수를 $\square$라 합시다.

$5\frac{2}{7}$에서 어떤 대분수를 뺐더니 $3\frac{3}{7}$이 되었으므로

$$5\frac{2}{7}-\square=3\frac{3}{7}$$

이 식의 양변에 $\square$를 더하면

$$5\frac{2}{7}-\square+\square=3\frac{3}{7}+\square$$

$$5\frac{2}{7}=3\frac{3}{7}+\square$$

이 식의 양변에서 $3\frac{3}{7}$을 빼면

$$5\frac{2}{7}-3\frac{3}{7}=3\frac{3}{7}+\square-3\frac{3}{7}$$

$$5\frac{2}{7}-3\frac{3}{7}=\square$$

이때 $\frac{2}{7}<\frac{3}{7}$이므로

$$\square=5\frac{2}{7}-3\frac{3}{7}$$

$$=\left(4+1\frac{2}{7}\right)-3\frac{3}{7}$$

$$=\left(4+\frac{9}{7}\right)-3\frac{3}{7}$$

$$=(4-3)+\left(\frac{9}{7}-\frac{3}{7}\right)$$

$$=1+\frac{6}{7}=1\frac{6}{7}$$

참고 중학교 과정에서 다루는 '이항'을 이용하면 쉽게 풀 수 있습니다.

$5\frac{2}{7}-\square=3\frac{3}{7}$에서 좌변에 있는 $-\square$를 우변으로 이항하면 '$-$' 부호가 '$+$' 부호로 바뀌므로

$$5\frac{2}{7}=3\frac{3}{7}+\square$$

우변에 있는 $+3\frac{3}{7}$을 좌변으로 이항하면 '$+$' 부호가 '$-$' 부호로 바뀌므로

$$5\frac{2}{7}-3\frac{3}{7}=\square$$

007

정답 $2\frac{1}{9}$

해설 어떤 수를 $\square$라 합시다.

어떤 수에 $1\frac{5}{9}$를 더했더니 $5\frac{2}{9}$가 되었으므로

$$\square+1\frac{5}{9}=5\frac{2}{9}$$

$$\square=5\frac{2}{9}-1\frac{5}{9}$$

$$=\left(4+1\frac{2}{9}\right)-1\frac{5}{9}=\left(4+\frac{11}{9}\right)-1\frac{5}{9}$$

$$=(4-1)+\left(\frac{11}{9}-\frac{5}{9}\right)$$

$$=3+\frac{6}{9}=3\frac{6}{9}$$

따라서 바르게 계산하면

$$3\frac{6}{9}-1\frac{5}{9}=(3-1)+\left(\frac{6}{9}-\frac{5}{9}\right)=2+\frac{1}{9}=2\frac{1}{9}$$

참고 $\frac{2}{9}<\frac{5}{9}$이므로 $\frac{2}{9}-\frac{5}{9}$에서 분자의 계산 결과가 0보다 작아집니다. 이때는 자연수 5에서 1만큼 받아내림합니다.

008

정답 $\frac{2}{9}\,\mathrm{kg}$

해설 사용하고 남은 밀가루의 양은

$$\frac{8}{9}-\frac{2}{9}-\frac{4}{9}=\frac{8-2-4}{9}=\frac{2}{9}\,(\mathrm{kg})$$

입니다.

009

정답 $2\frac{5}{7}\,\mathrm{m}$

해설 이어 붙인 종이테이프의 전체 길이는

$$2+1-\frac{2}{7}=\left(2+\frac{7}{7}\right)-\frac{2}{7}$$
$$=2+\left(\frac{7}{7}-\frac{2}{7}\right)=2+\frac{5}{7}$$
$$=2\frac{5}{7}\,(\text{m})$$

010

정답 $24\frac{1}{4}$ cm

해설 철수가 만든 정사각형의 둘레의 길이는

$$3\frac{1}{6}+3\frac{1}{6}+3\frac{1}{6}+3\frac{1}{6}=12\frac{\overset{2}{\cancel{4}}}{\underset{3}{\cancel{6}}}=12\frac{2}{3}$$

입니다.

영희가 만든 직사각형의 둘레의 길이는

$$2\frac{3}{8}+2\frac{3}{8}+3\frac{5}{12}+3\frac{5}{12}$$
$$=4\frac{\overset{3}{\cancel{6}}}{\underset{4}{\cancel{8}}}+6\frac{\overset{5}{\cancel{10}}}{\underset{6}{\cancel{12}}}=4\frac{3}{4}+6\frac{5}{6}$$

따라서 두 사람이 사용한 철사의 길이는
$12\frac{2}{3}+4\frac{3}{4}+6\frac{5}{6}$ 입니다.

3과 4의 최소공배수는 12입니다.

12와 6의 최소공배수는 12입니다.

$$12\frac{2}{3}+4\frac{3}{4}+6\frac{5}{6}$$
$$=(12+4+6)+\left(\frac{2}{3}+\frac{3}{4}+\frac{5}{6}\right)$$
$$=22+\left(\frac{2\times4}{3\times4}+\frac{3\times3}{4\times3}+\frac{5\times2}{6\times2}\right)$$
$$=22+\left(\frac{8}{12}+\frac{9}{12}+\frac{10}{12}\right)$$
$$=22+\frac{\overset{9}{\cancel{27}}}{\underset{4}{\cancel{12}}}=22+\frac{9}{4}=22+2\frac{1}{4}$$
$$=24\frac{1}{4}$$

따라서 두 사람이 사용한 철사의 길이는 모두
$24\frac{1}{4}$ cm입니다.

011

정답 $3\frac{5}{8}$ L

해설 현재 남아 있는 물의 양은

$$2\frac{5}{6}-1\frac{5}{8}+2\frac{5}{12}$$

입니다.

6과 8의 최소공배수는 24입니다.

24와 12의 최소공배수는 24입니다.

$$2\frac{5}{6}-1\frac{5}{8}+2\frac{5}{12}$$
$$=(2-1+2)+\left(\frac{5}{6}-\frac{5}{8}+\frac{5}{12}\right)$$
$$=3+\left(\frac{5\times4}{6\times4}-\frac{5\times3}{8\times3}+\frac{5\times2}{12\times2}\right)$$
$$=3+\left(\frac{20}{24}-\frac{15}{24}+\frac{10}{24}\right)$$
$$=3+\frac{\overset{5}{\cancel{15}}}{\underset{8}{\cancel{24}}}=3+\frac{5}{8}=3\frac{5}{8}$$

따라서 현재 남아 있는 물의 양은 $3\frac{5}{8}$ L입니다.

DAY 08 분수의 곱셈

개념이해하기 본문 p. 33

001

정답 $2\dfrac{2}{5}$

해설 $\dfrac{4}{5}\times 3=\dfrac{4\times 3}{5}=\dfrac{12}{5}=2\dfrac{2}{5}$

참고 $\dfrac{4}{5}\times 3=\dfrac{4}{5}\times \dfrac{3}{1}$

002

정답 $3\dfrac{1}{3}$

해설 $\overset{2}{8}\times \dfrac{5}{\underset{3}{12}}=\dfrac{2\times 5}{3}=\dfrac{10}{3}=3\dfrac{1}{3}$

해설 $8\times \dfrac{5}{12}=\dfrac{8}{1}\times \dfrac{5}{12}=\dfrac{8\times 5}{12}$

$=\dfrac{\overset{10}{40}}{\underset{3}{12}}=\dfrac{10}{3}=3\dfrac{1}{3}$

003

정답 7

해설 $\overset{1}{4}\times \dfrac{7}{\underset{3}{12}}\times 3=\dfrac{7}{3}\times \overset{1}{3}=7$

참고 $4\times \dfrac{7}{12}\times 3=\dfrac{4}{1}\times \dfrac{7}{12}\times \dfrac{3}{1}$

004

정답 $6\dfrac{3}{4}$

해설 $2\dfrac{1}{4}\times 3=\dfrac{9}{4}\times 3=\dfrac{9\times 3}{4}=\dfrac{27}{4}=6\dfrac{3}{4}$

참고 $2\dfrac{1}{4}\times 3=\dfrac{9}{4}\times \dfrac{3}{1}$

005

정답 $8\dfrac{2}{3}$

해설 $6\times 1\dfrac{4}{9}=\overset{2}{6}\times \dfrac{13}{\underset{3}{9}}=\dfrac{2\times 13}{3}=\dfrac{26}{3}=8\dfrac{2}{3}$

참고 $6\times 1\dfrac{4}{9}=\dfrac{6}{1}\times \dfrac{13}{9}$

006

정답 39

해설 $6\times 1\dfrac{3}{10}\times 5=\overset{3}{6}\times \dfrac{13}{\underset{5}{10}}\times 5=3\times \dfrac{13}{\underset{1}{5}}\times \overset{1}{5}$

$=3\times 13=39$

참고 $6\times 1\dfrac{3}{10}\times 5=\dfrac{6}{1}\times \dfrac{13}{10}\times \dfrac{5}{1}$

007

정답 $\dfrac{3}{10}$

해설 $\dfrac{1}{2}\times \dfrac{3}{5}=\dfrac{1\times 3}{2\times 5}=\dfrac{3}{10}$

008

정답 $\dfrac{8}{15}$

해설 $\dfrac{4}{5}\times \dfrac{2}{3}=\dfrac{4\times 2}{5\times 3}=\dfrac{8}{15}$

009

정답 $\dfrac{8}{105}$

해설 $\dfrac{1}{3}\times \dfrac{2}{5}\times \dfrac{4}{7}=\dfrac{1\times 2\times 4}{3\times 5\times 7}=\dfrac{8}{105}$

010

정답 $\dfrac{5}{12}$

해설 $\dfrac{\overset{1}{3}}{4}\times \dfrac{5}{\underset{3}{9}}=\dfrac{1\times 5}{4\times 3}=\dfrac{5}{12}$

011

정답 $\dfrac{5}{14}$

해설 $\dfrac{5}{\underset{2}{6}}\times \dfrac{\overset{1}{3}}{7}=\dfrac{5\times 1}{2\times 7}=\dfrac{5}{14}$

012

정답 $\dfrac{8}{35}$

해설 $\dfrac{2}{\underset{1}{3}}\times \dfrac{\overset{1}{3}}{5}\times \dfrac{4}{7}=\dfrac{2\times 1\times 4}{1\times 5\times 7}=\dfrac{8}{35}$

013

정답 $\dfrac{1}{2}$

해설 $\dfrac{\overset{1}{4}}{\underset{1}{5}} \times \dfrac{\overset{1}{5}}{\underset{2}{8}} = \dfrac{1 \times 1}{1 \times 2} = \dfrac{1}{2}$

014

정답 $\dfrac{1}{6}$

해설 $\dfrac{\overset{1}{3}}{\underset{2}{8}} \times \dfrac{\overset{1}{4}}{\underset{3}{9}} = \dfrac{1 \times 1}{2 \times 3} = \dfrac{1}{6}$

015

정답 $\dfrac{1}{7}$

해설 $\dfrac{\overset{1}{2}}{\underset{1}{3}} \times \dfrac{\overset{1}{3}}{\underset{1}{7}} \times \dfrac{7}{\underset{7}{14}} = \dfrac{1 \times 1 \times 1}{1 \times 1 \times 7} = \dfrac{1}{7}$

016

정답 $1\dfrac{3}{8}$

해설 $2\dfrac{3}{4} \times \dfrac{1}{2} = \dfrac{11}{4} \times \dfrac{1}{2} = \dfrac{11 \times 1}{4 \times 2} = \dfrac{11}{8} = 1\dfrac{3}{8}$

017

정답 2

해설 $\dfrac{6}{7} \times 2\dfrac{1}{3} = \dfrac{\overset{}{6}}{\underset{1}{7}} \times \dfrac{\overset{2}{7}}{\underset{1}{3}} = \dfrac{2 \times 1}{1 \times 1} = 2$

018

정답 $\dfrac{3}{10}$

해설 $\dfrac{3}{8} \times 1\dfrac{2}{5} \times \dfrac{4}{7} = \dfrac{3}{\underset{2}{8}} \times \dfrac{\overset{1}{7}}{5} \times \dfrac{\overset{1}{4}}{\underset{1}{7}} = \dfrac{3 \times 1 \times 1}{2 \times 5 \times 1} = \dfrac{3}{10}$

019

정답 $3\dfrac{4}{15}$

해설 $2\dfrac{1}{3} \times 1\dfrac{2}{5} = \dfrac{7}{3} \times \dfrac{7}{5} = \dfrac{7 \times 7}{3 \times 5} = \dfrac{49}{15} = 3\dfrac{4}{15}$

020

정답 4

해설 $1\dfrac{5}{9} \times 2\dfrac{4}{7} = \dfrac{\overset{2}{14}}{9} \times \dfrac{\overset{2}{18}}{\underset{1}{7}} = \dfrac{2 \times 2}{1 \times 1} = 4$

021

정답 30

해설 $1\dfrac{2}{3} \times 3\dfrac{3}{4} \times 4\dfrac{4}{5} = \dfrac{\overset{1}{5}}{\underset{1}{3}} \times \dfrac{\overset{5}{15}}{\underset{1}{4}} \times \dfrac{\overset{6}{24}}{\underset{1}{5}}$

$= \dfrac{1 \times 5 \times 6}{1 \times 1 \times 1} = 30$

문제수준높이기   본문 p. 34

001

정답 $2\dfrac{1}{7}$

해설 $3 \times \dfrac{5}{7} = \dfrac{3 \times 5}{7} = \dfrac{15}{7} = 2\dfrac{1}{7}$

참고 $3 \times \dfrac{5}{7} = \dfrac{3}{1} \times \dfrac{5}{7}$

002

정답 $4\dfrac{1}{2}$

해설 $\dfrac{3}{\underset{2}{8}} \times \overset{3}{12} = \dfrac{3 \times 3}{2} = \dfrac{9}{2} = 4\dfrac{1}{2}$

참고 $\dfrac{3}{8} \times 12 = \dfrac{3}{8} \times \dfrac{12}{1}$

003

정답 $2\dfrac{1}{2}$

해설 $\dfrac{1}{\underset{}{2}} \times \dfrac{5}{\underset{6}{12}} \times 3 = \dfrac{5}{\underset{2}{6}} \times \overset{1}{3} = \dfrac{5 \times 1}{2} = \dfrac{5}{2} = 2\dfrac{1}{2}$

참고 $2 \times \dfrac{5}{12} \times 3 = \dfrac{2}{1} \times \dfrac{5}{12} \times \dfrac{3}{1}$

004

정답 $12\dfrac{4}{5}$

해설 $3\dfrac{1}{5} \times 4 = \dfrac{16}{5} \times 4 = \dfrac{16 \times 4}{5} = \dfrac{64}{5} = 12\dfrac{4}{5}$

참고 $3\dfrac{1}{5} \times 4 = \dfrac{16}{5} \times \dfrac{4}{1}$

005

정답 $10\dfrac{1}{2}$

해설 $4 \times 2\dfrac{5}{8} = \overset{1}{4} \times \dfrac{21}{\underset{2}{8}} = \dfrac{21}{2} = 10\dfrac{1}{2}$

참고 $4 \times 2\dfrac{5}{8} = \dfrac{4}{1} \times \dfrac{21}{8}$

006

정답 $19\dfrac{1}{2}$

해설 $6 \times 1\dfrac{1}{12} \times 3 = \overset{1}{6} \times \dfrac{13}{\underset{2}{12}} \times 3 = \dfrac{13 \times 3}{2}$

$$= \dfrac{39}{2} = 19\dfrac{1}{2}$$

참고 $6 \times 1\dfrac{1}{12} \times 3 = \dfrac{6}{1} \times \dfrac{13}{12} \times \dfrac{3}{1}$

007

정답 $\dfrac{5}{42}$

해설 $\dfrac{1}{2} \times \dfrac{1}{3} \times \dfrac{5}{7} = \dfrac{1 \times 1 \times 5}{2 \times 3 \times 7} = \dfrac{5}{42}$

008

정답 $\dfrac{3}{70}$

해설 $\dfrac{1}{\underset{2}{4}} \times \dfrac{\overset{1}{2}}{5} \times \dfrac{3}{7} = \dfrac{1 \times 1 \times 3}{2 \times 5 \times 7} = \dfrac{3}{70}$

009

정답 $\dfrac{1}{7}$

해설 $\dfrac{\overset{1}{2}}{\underset{1}{3}} \times \dfrac{1}{\underset{2}{4}} \times \dfrac{\overset{2}{6}}{7} = \dfrac{1 \times 1 \times \overset{1}{2}}{1 \times 2 \times 7} = \dfrac{1}{7}$

010

정답 $\dfrac{2}{7}$

해설 $\dfrac{1}{\underset{1}{2}} \times \dfrac{\overset{1}{2}}{\underset{1}{3}} \times \dfrac{\overset{2}{6}}{7} = \dfrac{1 \times 1 \times 2}{1 \times 1 \times 7} = \dfrac{2}{7}$

011

정답 $\dfrac{10}{21}$

해설 $\dfrac{\overset{1}{3}}{\underset{1}{4}} \times \dfrac{5}{7} \times \dfrac{\overset{2}{8}}{\underset{3}{9}} = \dfrac{1 \times 5 \times 2}{1 \times 7 \times 3} = \dfrac{10}{21}$

012

정답 $\dfrac{6}{11}$

해설 $\dfrac{\overset{1}{2}}{\underset{1}{3}} \times \dfrac{\overset{2}{6}}{\underset{1}{7}} \times \dfrac{\overset{3}{21}}{\underset{11}{22}} = \dfrac{1 \times 2 \times 3}{1 \times 1 \times 11} = \dfrac{6}{11}$

013

정답 $\dfrac{21}{40}$

해설 $1\dfrac{1}{2} \times \dfrac{1}{4} \times 1\dfrac{2}{5} = \dfrac{3}{2} \times \dfrac{1}{4} \times \dfrac{7}{5}$

$$= \dfrac{3 \times 1 \times 7}{2 \times 4 \times 5} = \dfrac{21}{40}$$

014

정답 $\dfrac{6}{35}$

해설 $\dfrac{4}{5} \times 1\dfrac{1}{2} \times \dfrac{1}{7} = \dfrac{\overset{2}{4}}{5} \times \dfrac{3}{\underset{1}{2}} \times \dfrac{1}{7} = \dfrac{2 \times 3 \times 1}{5 \times 1 \times 7} = \dfrac{6}{35}$

015

정답 $1\dfrac{2}{5}$

해설 $\dfrac{3}{4} \times 1\dfrac{3}{5} \times 1\dfrac{1}{6} = \dfrac{\overset{1}{3}}{\underset{1}{4}} \times \dfrac{\overset{2}{8}}{5} \times \dfrac{7}{\underset{2}{6}} = \dfrac{1 \times \overset{1}{2} \times 7}{1 \times 5 \times \underset{1}{2}}$

$$= \dfrac{7}{5} = 1\dfrac{2}{5}$$

016

정답 $1\dfrac{11}{24}$

해설 $\dfrac{1}{2} \times 1\dfrac{2}{3} \times 1\dfrac{3}{4} = \dfrac{1}{2} \times \dfrac{5}{3} \times \dfrac{7}{4} = \dfrac{1 \times 5 \times 7}{2 \times 3 \times 4}$

$$= \dfrac{35}{24} = 1\dfrac{11}{24}$$

017

정답 $5\dfrac{1}{4}$

해설 $1\dfrac{2}{3} \times 1\dfrac{3}{4} \times 1\dfrac{4}{5} = \dfrac{\overset{1}{5}}{\underset{1}{3}} \times \dfrac{7}{4} \times \dfrac{\overset{3}{9}}{\underset{1}{5}} = \dfrac{1 \times 7 \times 3}{1 \times 4 \times 1}$

$$= \dfrac{21}{4} = 5\dfrac{1}{4}$$

018

정답 4

해설 $1\dfrac{1}{2} \times 1\dfrac{2}{3} \times 1\dfrac{3}{5} = \dfrac{3}{\underset{1}{2}} \times \dfrac{5}{\underset{1}{3}} \times \dfrac{\overset{4}{8}}{\underset{1}{5}} = \dfrac{1 \times 1 \times 4}{1 \times 1 \times 1} = 4$

001

정답 3개

해설 $\dfrac{5}{18} \times \square = \dfrac{5}{18} \times \dfrac{\square}{1} = \dfrac{5 \times \square}{18}$ 가 진분수이므로

$5 \times \square < 18$이어야 합니다.

이것을 만족하는 것은 $\square = 1$, 2, 3일 때이므로 모두 3개입니다.

002

정답 2개

해설 $\dfrac{4}{\overset{}{\underset{3}{21}}} \times \overset{2}{14} = \dfrac{4 \times 2}{3} = \dfrac{8}{3} = 2\dfrac{2}{3}$

$2\dfrac{2}{3} > \square$의 $\square$ 안에 들어갈 수 있는 자연수는

1, 2로 모두 2개입니다.

003

정답 $12\dfrac{2}{3}$ cm

해설 정사각형은 네 변의 길이가 모두 같으므로

$3\dfrac{1}{6} \times 4 = \dfrac{19}{\overset{}{\underset{3}{6}}} \times \overset{2}{4} = \dfrac{19 \times 2}{3} = \dfrac{38}{3} = 12\dfrac{2}{3}$ (cm)

004

정답 $53\dfrac{1}{3}$ cm^2

해설 세로의 길이는 가로의 길이의 $\dfrac{5}{6}$이므로

$8 \times \dfrac{5}{6} = \overset{4}{8} \times \dfrac{5}{\overset{}{\underset{3}{6}}} = \dfrac{4 \times 5}{3} = \dfrac{20}{3}$

따라서 직사각형의 넓이는

$8 \times \dfrac{20}{3} = \dfrac{160}{3} = 53\dfrac{1}{3}$ (cm^2)

005

정답 $\dfrac{8}{21}$ cm

해설 색칠한 부분의 길이는 전체를 똑같이 7로 나눈 것 중의 5이므로

$\dfrac{8}{\overset{}{\underset{3}{15}}} \times \dfrac{\overset{1}{5}}{7} = \dfrac{8 \times 1}{3 \times 7} = \dfrac{8}{21}$ (cm)

006

정답 $2\dfrac{4}{5}$

해설 어떤 수를 $\square$라 합시다.

어떤 수에서 $1\dfrac{1}{5}$을 뺐더니 $1\dfrac{2}{15}$가 되었으므로

$\square - 1\dfrac{1}{5} = 1\dfrac{2}{15}$

$\square = 1\dfrac{2}{15} + 1\dfrac{1}{5} = (1+1) + \left(\dfrac{2}{15} + \dfrac{1}{5}\right)$

$\qquad = 2 + \left(\dfrac{2}{15} + \dfrac{1 \times 3}{5 \times 3}\right)$

$\qquad = 2 + \left(\dfrac{2}{15} + \dfrac{3}{15}\right) = 2 + \dfrac{\overset{1}{5}}{\underset{3}{15}}$

$\qquad = 2\dfrac{1}{3}$

따라서 바르게 계산하면

$2\dfrac{1}{3} \times 1\dfrac{1}{5} = \dfrac{7}{3} \times \dfrac{\overset{2}{6}}{\underset{1}{5}} = \dfrac{7 \times 2}{1 \times 5} = \dfrac{14}{5} = 2\dfrac{4}{5}$

007

정답 2 cm^2

해설 마름모의 넓이는 (한 대각선의 길이)$\times$(다른 대각선의 길이)$\div 2$이므로

$3\dfrac{3}{7} \times 1\dfrac{1}{6} \div 2 = \dfrac{\overset{4}{24}}{\underset{1}{7}} \times \dfrac{\overset{1}{7}}{\underset{1}{6}} \div 2 = \dfrac{4 \times 1}{1 \times 1} \div 2$

$\qquad\qquad\qquad\quad = 4 \div 2 = 2$ (cm^2)

008

정답 8 kg

해설 달에서의 무게는 지구에서의 무게의 $\dfrac{1}{6}$이므로

지구에서 48 kg인 몸무게는 달에서

$\overset{8}{48} \times \dfrac{1}{\underset{1}{6}} = 8$ (kg)

입니다.

009

정답 210 km

해설 1시간 45분은 $1\dfrac{45}{60} = 1\dfrac{3}{4}$시간입니다.

1시간에 120 km를 달리는 자동차로 $1\dfrac{3}{4}$시간 동안 달린 거리는

$120 \times 1\dfrac{3}{4} = \overset{30}{120} \times \dfrac{7}{\underset{1}{4}} = 210$ (km)

010

정답 오전 7시 48분

해설 하루에 1분 20초, 즉 $1\frac{20}{60}=1\frac{1}{3}$ 분씩 늦어지므로

9일이 지나면 $1\frac{1}{3}\times 9=\frac{4}{3}\times\overset{3}{9}=12$분 늦어집니다.

따라서 9일이 지난 오전 8시에 이 시계가 가리키는 시간은 오전 8시보다 12분 전인(12분 늦은) 오전 7시 48분입니다.

011

정답 $16\frac{7}{8}$ km^2

해설 전체 넓이가 36 km^{2}인 과수원의 $\frac{1}{4}$만큼 사과나무가 있으므로 나머지 땅은 $36\times\frac{3}{4}$(km^2)입니다.

그 나머지 땅의 $\frac{5}{8}$만큼 포도나무가 있으므로 포도나무가 심어진 땅의 넓이는

$\overset{9}{36}\times\frac{3}{4}\times\frac{5}{8}=\frac{9\times 3\times 5}{1\times 8}=\frac{135}{8}=16\frac{7}{8}$(km^2)

개념이해하기 본문 p. 37

001

정답 $\frac{1}{7}$

해설 $1\div 7=\frac{1}{7}$

참고 (나누어지는 수)÷(나누는 수)=$\dfrac{(나누어지는\ 수)}{(나누는\ 수)}$

002

정답 $2\frac{2}{5}$

해설 $12\div 5=\frac{12}{5}=2\frac{2}{5}$

003

정답 $6\frac{2}{3}$

해설 $20\div 3=\frac{20}{3}=6\frac{2}{3}$

004

정답 $\frac{3}{10}$

해설 $\frac{3}{5}\div 2=\frac{3}{5}\times\frac{1}{2}=\frac{3}{10}$

참고 어떤 수를 ★로 나누는 것은 어떤 수에 $\frac{1}{★}$을 곱하는 것과 같습니다.

005

정답 $\frac{4}{7}$

해설 $\frac{12}{7}\div 3=\frac{12\div 3}{7}=\frac{4}{7}$

참고 $\frac{12}{7}\div 3=\frac{\overset{4}{12}}{7}\times\frac{1}{\underset{1}{3}}=\frac{4}{7}$

006

정답 $\frac{7}{33}$

해설 $\frac{21}{11}\div 9=\frac{\overset{7}{21}}{11}\times\frac{1}{\underset{3}{9}}=\frac{7}{11\times 3}=\frac{7}{33}$

007

정답 $\dfrac{13}{15}$

해설 $2\dfrac{3}{5}\div3=\dfrac{13}{5}\div3=\dfrac{13}{5}\times\dfrac{1}{3}=\dfrac{13}{15}$

참고 대분수는 반드시 가분수로 바꾸어 계산합니다.

008

정답 $\dfrac{3}{4}$

해설 $2\dfrac{1}{4}\div3=\dfrac{9}{4}\div3=\dfrac{9\div3}{4}=\dfrac{3}{4}$

참고 $2\dfrac{1}{4}\div3=\dfrac{9}{4}\div3=\dfrac{\overset{3}{\cancel{9}}}{4}\times\dfrac{1}{\underset{1}{\cancel{3}}}=\dfrac{3}{4}$

009

정답 $\dfrac{4}{9}$

해설 $6\dfrac{2}{3}\div15=\dfrac{\overset{4}{\cancel{20}}}{3}\times\dfrac{1}{\underset{3}{\cancel{15}}}=\dfrac{4}{3\times3}=\dfrac{4}{9}$

010

정답 2

해설 $\dfrac{4}{5}\div\dfrac{2}{5}=4\div2=2$

참고 $\dfrac{4}{5}\div\dfrac{2}{5}=\dfrac{\overset{2}{\cancel{4}}}{\underset{1}{\cancel{5}}}\times\dfrac{\overset{1}{\cancel{5}}}{\underset{1}{\cancel{2}}}=2$

011

정답 $2\dfrac{1}{2}$

해설 $\dfrac{5}{7}\div\dfrac{2}{7}=5\div2=\dfrac{5}{2}=2\dfrac{1}{2}$

참고 $\dfrac{5}{7}\div\dfrac{2}{7}=\dfrac{5}{\cancel{7}}\times\dfrac{\overset{1}{\cancel{7}}}{2}=\dfrac{5}{2}=2\dfrac{1}{2}$

012

정답 $\dfrac{4}{7}$

해설 $\dfrac{4}{9}\div\dfrac{7}{9}=4\div7=\dfrac{4}{7}$

참고 $\dfrac{4}{9}\div\dfrac{7}{9}=\dfrac{4}{\cancel{9}}\times\dfrac{\overset{1}{\cancel{9}}}{7}=\dfrac{4}{7}$

013

정답 $\dfrac{1}{3}$

해설 9와 3의 최소공배수 9로 통분합니다.

$\dfrac{2}{9}\div\dfrac{2}{3}=\dfrac{2}{9}\div\dfrac{2\times3}{3\times3}=\dfrac{2}{9}\div\dfrac{6}{9}=2\div6$

$\qquad\qquad=\dfrac{\overset{1}{\cancel{2}}}{\underset{3}{\cancel{6}}}=\dfrac{1}{3}$

참고 $\dfrac{2}{9}\div\dfrac{2}{3}=\dfrac{\overset{1}{\cancel{2}}}{\underset{3}{\cancel{9}}}\times\dfrac{\overset{1}{\cancel{3}}}{\underset{1}{\cancel{2}}}=\dfrac{1}{3}$

014

정답 $1\dfrac{1}{9}$

해설 6과 4의 최소공배수 12로 통분합니다.

$\dfrac{5}{6}\div\dfrac{3}{4}=\dfrac{5\times2}{6\times2}\div\dfrac{3\times3}{4\times3}$

$\qquad\quad=\dfrac{10}{12}\div\dfrac{9}{12}=10\div9$

$\qquad\quad=\dfrac{10}{9}=1\dfrac{1}{9}$

참고 $\dfrac{5}{6}\div\dfrac{3}{4}=\dfrac{5}{\underset{3}{\cancel{6}}}\times\dfrac{\overset{2}{\cancel{4}}}{3}=\dfrac{5\times2}{3\times3}=\dfrac{10}{9}=1\dfrac{1}{9}$

015

정답 $3\dfrac{3}{4}$

해설 8과 6의 최소공배수 24로 통분합니다.

$\dfrac{5}{8}\div\dfrac{1}{6}=\dfrac{5\times3}{8\times3}\div\dfrac{1\times4}{6\times4}$

$\qquad\quad=\dfrac{15}{24}\div\dfrac{4}{24}=15\div4$

$\qquad\quad=\dfrac{15}{4}=3\dfrac{3}{4}$

참고 $\dfrac{5}{8}\div\dfrac{1}{6}=\dfrac{5}{\underset{4}{\cancel{8}}}\times\dfrac{\overset{3}{\cancel{6}}}{1}=\dfrac{5\times3}{4}=\dfrac{15}{4}=3\dfrac{3}{4}$

016

정답 15

해설 $5\div\dfrac{1}{3}=5\times\dfrac{3}{1}=15$

017

정답 10

해설 $6\div\dfrac{3}{5}=\overset{2}{\cancel{6}}\times\dfrac{5}{\underset{1}{\cancel{3}}}=10$

018

정답 $10\dfrac{1}{2}$

해설 $12 \div \dfrac{8}{7} = \overset{3}{\cancel{12}} \times \dfrac{7}{\underset{2}{\cancel{8}}} = \dfrac{3 \times 7}{2} = \dfrac{21}{2} = 10\dfrac{1}{2}$

019

정답 $2\dfrac{1}{10}$

해설 $\dfrac{3}{5} \div \dfrac{2}{7} = \dfrac{3}{5} \times \dfrac{7}{2} = \dfrac{3 \times 7}{5 \times 2} = \dfrac{21}{10} = 2\dfrac{1}{10}$

해설 두 분모 5, 7의 곱을 공통분모로 하여 통분합니다.

$$\dfrac{3}{5} \div \dfrac{2}{7} = \dfrac{3 \times 7}{5 \times 7} \div \dfrac{2 \times 5}{7 \times 5}$$
$$= \dfrac{21}{35} \div \dfrac{10}{35} = 21 \div 10$$
$$= \dfrac{21}{10} = 2\dfrac{1}{10}$$

020

정답 $\dfrac{5}{9}$

해설 $\dfrac{5}{12} \div \dfrac{3}{4} = \dfrac{5}{\underset{3}{\cancel{12}}} \times \dfrac{\overset{1}{\cancel{4}}}{3} = \dfrac{5}{3 \times 3} = \dfrac{5}{9}$

해설 12와 4의 최소공배수 12로 통분합니다.

$$\dfrac{5}{12} \div \dfrac{3}{4} = \dfrac{5}{12} \div \dfrac{3 \times 3}{4 \times 3}$$
$$= \dfrac{5}{12} \div \dfrac{9}{12} = 5 \div 9$$
$$= \dfrac{5}{9}$$

021

정답 $1\dfrac{5}{9}$

해설 $1\dfrac{1}{9} \div \dfrac{5}{7} = \dfrac{10}{9} \div \dfrac{5}{7} = \dfrac{\overset{2}{\cancel{10}}}{9} \times \dfrac{7}{\underset{1}{\cancel{5}}}$
$$= \dfrac{2 \times 7}{9} = \dfrac{14}{9} = 1\dfrac{5}{9}$$

참고 대분수는 반드시 가분수로 바꾸어 계산합니다.

022

정답 $1\dfrac{1}{9}$

해설 $1\dfrac{7}{9} \div 1\dfrac{3}{5} = \dfrac{16}{9} \div \dfrac{8}{5} = \dfrac{\overset{2}{\cancel{16}}}{9} \times \dfrac{5}{\underset{1}{\cancel{8}}}$
$$= \dfrac{2 \times 5}{9} = \dfrac{10}{9} = 1\dfrac{1}{9}$$

023

정답 $1\dfrac{2}{5}$

해설 $2\dfrac{2}{5} \div 1\dfrac{5}{7} = \dfrac{12}{5} \div \dfrac{12}{7} = \dfrac{\overset{1}{\cancel{12}}}{5} \times \dfrac{7}{\underset{1}{\cancel{12}}}$
$$= \dfrac{7}{5} = 1\dfrac{2}{5}$$

024

정답 $\dfrac{2}{3}$

해설 $1\dfrac{8}{9} \div 2\dfrac{5}{6} = \dfrac{17}{9} \div \dfrac{17}{6} = \dfrac{\overset{1}{\cancel{17}}}{\underset{3}{\cancel{9}}} \times \dfrac{\overset{2}{\cancel{6}}}{\underset{1}{\cancel{17}}}$
$$= \dfrac{2}{3}$$

문제수준높이기 본문 p. 38

001

정답 $\dfrac{2}{5}$

해설 $2 \div 5 = \dfrac{2}{5}$

참고 (나누어지는 수) $\div$ (나누는 수) $= \dfrac{(나누어지는 수)}{(나누는 수)}$

002

정답 $1\dfrac{1}{3}$

해설 $\overset{4}{\cancel{8}} \times \dfrac{1}{\underset{1}{\cancel{2}}} \div 3 = 4 \div 3 = \dfrac{4}{3} = 1\dfrac{1}{3}$

해설 $8 \times \dfrac{1}{2} \div 3 = \dfrac{\overset{4}{\cancel{8}}}{1} \times \dfrac{1}{\underset{1}{\cancel{2}}} \times \dfrac{1}{3} = \dfrac{4}{3} = 1\dfrac{1}{3}$

003

정답 $\dfrac{5}{6}$

해설 $5 \div 3 \times \dfrac{1}{2} = \dfrac{5}{3} \times \dfrac{1}{2} = \dfrac{5}{6}$

해설 $5 \div 3 \times \dfrac{1}{2} = \dfrac{5}{1} \times \dfrac{1}{3} \times \dfrac{1}{2} = \dfrac{5}{6}$

004

정답 $\dfrac{2}{15}$

해설 $\dfrac{2}{5} \div 3 = \dfrac{2}{5} \times \dfrac{1}{3} = \dfrac{2}{15}$

005

정답 $\dfrac{2}{5}$

해설 $\dfrac{6}{5} \div 3 = \dfrac{6 \div 3}{5} = \dfrac{2}{5}$

참고 $\dfrac{6}{5} \div 3 = \dfrac{\overset{2}{6}}{5} \times \dfrac{1}{\underset{1}{3}} = \dfrac{2}{5}$

006

정답 $\dfrac{3}{10}$

해설 $\dfrac{9}{10} \div 6 \times 2 = \dfrac{\overset{3}{9}}{\underset{5}{10}} \times \dfrac{1}{\underset{2}{6}} \times \dfrac{\overset{1}{2}}{1}$

$\qquad\qquad = \dfrac{3}{5 \times 2} = \dfrac{3}{10}$

007

정답 $1\dfrac{5}{16}$

해설 $5\dfrac{1}{4} \div 4 = \dfrac{21}{4} \div 4 = \dfrac{21}{4} \times \dfrac{1}{4}$

$\qquad\qquad = \dfrac{21}{16} = 1\dfrac{5}{16}$

008

정답 $\dfrac{23}{30}$

해설 $4\dfrac{3}{5} \div 6 = \dfrac{23}{5} \div 6 = \dfrac{23}{5} \times \dfrac{1}{6} = \dfrac{23}{30}$

009

정답 $\dfrac{2}{7}$

해설 $3\dfrac{3}{7} \div 4 \times \dfrac{1}{3} = \dfrac{24}{7} \div 4 \times \dfrac{1}{3}$

$\qquad\qquad = \dfrac{24 \div 4}{7} \times \dfrac{1}{3} = \dfrac{\overset{2}{6}}{7} \times \dfrac{1}{\underset{1}{3}} = \dfrac{2}{7}$

참고 $3\dfrac{3}{7} \div 4 \times \dfrac{1}{3} = \dfrac{24}{7} \times \dfrac{1}{\underset{1}{4}} \times \dfrac{1}{3} = \dfrac{\overset{2}{6}}{7 \times 3} = \dfrac{2}{7}$

010

정답 3

해설 $\dfrac{9}{11} \div \dfrac{3}{11} = 9 \div 3 = 3$

참고 $\dfrac{9}{11} \div \dfrac{3}{11} = \dfrac{\overset{3}{9}}{\underset{1}{11}} \times \dfrac{\overset{1}{11}}{\underset{1}{3}} = 3$

011

정답 $1\dfrac{4}{5}$

해설 $\dfrac{9}{14} \div \dfrac{5}{14} = 9 \div 5 = \dfrac{9}{5} = 1\dfrac{4}{5}$

해설 $\dfrac{9}{14} \div \dfrac{5}{14} = \dfrac{9}{\underset{1}{14}} \times \dfrac{\overset{1}{14}}{5} = \dfrac{9}{5} = 1\dfrac{4}{5}$

012

정답 $1\dfrac{2}{3}$

해설 $\dfrac{15}{17} \div \dfrac{9}{17} = 15 \div 9 = \dfrac{15}{\underset{3}{9}} = \dfrac{5}{3} = 1\dfrac{2}{3}$

해설 $\dfrac{15}{17} \div \dfrac{9}{17} = \dfrac{\overset{5}{15}}{\underset{1}{17}} \times \dfrac{\overset{1}{17}}{\underset{3}{9}} = \dfrac{5}{3} = 1\dfrac{2}{3}$

013

정답 $1\dfrac{11}{24}$

해설 두 분모 6, 7의 곱을 공통분모로 하여 통분합니다.

$\qquad \dfrac{5}{6} \div \dfrac{4}{7} = \dfrac{5 \times 7}{6 \times 7} \div \dfrac{4 \times 6}{7 \times 6}$

$\qquad\qquad = \dfrac{35}{42} \div \dfrac{24}{42} = 35 \div 24$

$\qquad\qquad = \dfrac{35}{24} = 1\dfrac{11}{24}$

해설 $\dfrac{5}{6} \div \dfrac{4}{7} = \dfrac{5}{6} \times \dfrac{7}{4} = \dfrac{35}{24} = 1\dfrac{11}{24}$

014

정답 $1\dfrac{3}{7}$

해설 6과 12의 최소공배수 12로 통분합니다.

$\qquad \dfrac{5}{6} \div \dfrac{7}{12} = \dfrac{5 \times 2}{6 \times 2} \div \dfrac{7}{12} = \dfrac{10}{12} \div \dfrac{7}{12}$

$\qquad\qquad = 10 \div 7 = \dfrac{10}{7} = 1\dfrac{3}{7}$

해설 $\dfrac{5}{6} \div \dfrac{7}{12} = \dfrac{5}{\underset{1}{6}} \times \dfrac{\overset{2}{12}}{7} = \dfrac{5 \times 2}{7} = \dfrac{10}{7} = 1\dfrac{3}{7}$

015

정답 $3\dfrac{1}{8}$

해설 6과 15의 최소공배수 30으로 통분합니다.

$\qquad \dfrac{5}{6} \div \dfrac{4}{15} = \dfrac{5 \times 5}{6 \times 5} \div \dfrac{4 \times 2}{15 \times 2}$

$\qquad\qquad = \dfrac{25}{30} \div \dfrac{8}{30} = 25 \div 8 = \dfrac{25}{8} = 3\dfrac{1}{8}$

$\dfrac{5}{6} \div \dfrac{4}{15} = \dfrac{5}{\overset{}{\underset{2}{6}}} \times \overset{5}{\dfrac{15}{4}} = \dfrac{5 \times 5}{2 \times 4} = \dfrac{25}{8} = 3\dfrac{1}{8}$

016

정답 $18\dfrac{2}{3}$

해설 $8 \div \dfrac{3}{7} = 8 \times \dfrac{7}{3} = \dfrac{56}{3} = 18\dfrac{2}{3}$

017

정답 18

해설 $8 \div \dfrac{4}{9} = \overset{2}{8} \times \dfrac{9}{\underset{1}{4}} = 2 \times 9 = 18$

018

정답 $14\dfrac{2}{3}$

해설 $8 \div \dfrac{6}{11} = \overset{4}{8} \times \dfrac{11}{\underset{3}{6}} = \dfrac{4 \times 11}{3} = \dfrac{44}{3} = 14\dfrac{2}{3}$

019

정답 $1\dfrac{11}{24}$

해설 $\dfrac{1}{2} \div \dfrac{3}{5} \div \dfrac{4}{7} = \dfrac{1}{2} \times \dfrac{5}{3} \times \dfrac{7}{4} = \dfrac{5 \times 7}{2 \times 3 \times 4}$
$= \dfrac{35}{24} = 1\dfrac{11}{24}$

020

정답 $11\dfrac{1}{4}$

해설 $\dfrac{3}{4} \div \dfrac{2}{5} \div \dfrac{1}{6} = \dfrac{3}{\underset{2}{4}} \times \dfrac{5}{2} \times \overset{3}{\dfrac{6}{1}} = \dfrac{3 \times 5 \times 3}{2 \times 2}$
$= \dfrac{45}{4} = 11\dfrac{1}{4}$

021

정답 $3\dfrac{13}{25}$

해설 $\dfrac{6}{5} \div \dfrac{3}{8} \div \dfrac{10}{11} = \overset{3}{\dfrac{6}{5}} \times \dfrac{8}{3} \times \dfrac{11}{\underset{5}{10}} = \dfrac{\overset{1}{3} \times 8 \times 11}{5 \times 3 \times 5}$
$= \dfrac{8 \times 11}{5 \times 5} = \dfrac{88}{25} = 3\dfrac{13}{25}$

022

정답 $2\dfrac{2}{7}$

해설 $1\dfrac{3}{7} \div \dfrac{15}{16} \div \dfrac{2}{3} = \dfrac{10}{7} \div \dfrac{15}{16} \div \dfrac{2}{3}$

$= \overset{2}{\dfrac{10}{7}} \times \overset{8}{\dfrac{16}{15}} \times \dfrac{3}{\underset{1}{2}}$

$= \dfrac{2 \times 8 \times \overset{1}{3}}{7 \times \underset{1}{3} \times 1} = \dfrac{16}{7} = 2\dfrac{2}{7}$

023

정답 $\dfrac{1}{8}$

해설 $2\dfrac{1}{7} \div \dfrac{12}{7} \div 10 = \dfrac{15}{7} \div \dfrac{12}{7} \div 10$

$= \overset{5}{\dfrac{15}{7}} \times \dfrac{\overset{1}{7}}{\underset{4}{12}} \times \dfrac{1}{10}$

$= \dfrac{\overset{1}{5}}{4 \times \underset{2}{10}} = \dfrac{1}{8}$

024

정답 $\dfrac{8}{9}$

해설 $1\dfrac{1}{3} \div 1\dfrac{1}{4} \div 1\dfrac{1}{5} = \dfrac{4}{3} \div \dfrac{5}{4} \div \dfrac{6}{5}$

$= \dfrac{4}{3} \times \dfrac{4}{\underset{1}{5}} \times \dfrac{\overset{1}{5}}{\underset{3}{6}}$

$= \dfrac{2 \times 4}{3 \times 3} = \dfrac{8}{9}$

응용문제도전하기   본문 p. 39

001

정답 $\dfrac{2}{9}$ cm

해설 마름모의 네 변의 길이는 모두 같으므로 한 변의
길이는 $\dfrac{8}{9} \div 4 = \dfrac{8 \div 4}{9} = \dfrac{2}{9}$(cm)입니다.

002

정답 $2\dfrac{1}{2}$ cm

해설 평행사변형의 넓이는 (밑변의 길이)×(높이)입니다.
평행사변형의 밑변의 길이를 □cm라 하면

$\square \times 5 = 12\dfrac{1}{2}$

$\square = 12\dfrac{1}{2} \div 5 = \dfrac{25}{2} \div 5 = \dfrac{25 \div 5}{2}$

$= \dfrac{5}{2} = 2\dfrac{1}{2}$(cm)

003

정답 $\dfrac{15}{56}$

해설 어떤 수를 □라 합시다.

어떤 수에 7를 곱했더니 $13\dfrac{1}{8}$이 되었으므로

$$□\times 7 = 13\dfrac{1}{8}$$

$$□ = 13\dfrac{1}{8} \div 7 = \dfrac{105}{8} \div 7$$

$$= \dfrac{105 \div 7}{8} = \dfrac{15}{8}$$

따라서 바르게 계산한 값은

$$\dfrac{15}{8} \div 7 = \dfrac{15}{8} \times \dfrac{1}{7} = \dfrac{15}{56}$$

004

정답 $1\dfrac{1}{7}$ cm

해설 정사각형의 둘레의 길이는

$$1\dfrac{3}{7} \times 4 = \dfrac{10}{7} \times 4 = \dfrac{40}{7}$$

정오각형의 한 변의 길이는

$$\dfrac{40}{7} \div 5 = \dfrac{40 \div 5}{7} = \dfrac{8}{7} = 1\dfrac{1}{7}\,(\text{cm})$$

005

정답 $2\dfrac{1}{2}$배

해설 $\dfrac{10}{13} \div \dfrac{4}{13} = 10 \div 4 = \dfrac{\overset{5}{\cancel{10}}}{\underset{2}{\cancel{4}}} = \dfrac{5}{2} = 2\dfrac{1}{2}$

따라서 직사각형의 가로의 길이는 세로의 길이의

$2\dfrac{1}{2}$배입니다.

006

정답 $\dfrac{20}{21}$

해설 어떤 분수를 □라 합시다.

어떤 분수에 $\dfrac{9}{10}$를 곱했더니 $\dfrac{6}{7}$이 되었으므로

$$□ \times \dfrac{9}{10} = \dfrac{6}{7}$$

$$□ = \dfrac{6}{7} \div \dfrac{9}{10} = \dfrac{\overset{2}{\cancel{6}}}{7} \times \dfrac{10}{\underset{3}{\cancel{9}}} = \dfrac{2 \times 10}{7 \times 3} = \dfrac{20}{21}$$

007

정답 $2\dfrac{3}{4}$ kg

해설 $11 \div 4 = \dfrac{11}{4} = 2\dfrac{3}{4}$

따라서 한 바구니에 담을 수 있는 딸기의 양은

$2\dfrac{3}{4}$ kg입니다.

008

정답 $\dfrac{5}{21}$ L

$\dfrac{5}{7} \div 3 = \dfrac{5}{7} \times \dfrac{1}{3} = \dfrac{5}{21}$

따라서 한 사람이 마신 오렌지 주스의 양은

$\dfrac{5}{21}$ L입니다.

009

정답 $4\dfrac{1}{36}$ km

해설 일정한 빠르기로 자전거가 8분 동안 $6\dfrac{4}{9}$ km를

가므로 1분 동안 갈 수 있는 거리는

$$6\dfrac{4}{9} \div 8 = \dfrac{58}{9} \div 8 = \dfrac{\overset{29}{\cancel{58}}}{9} \times \dfrac{1}{\underset{4}{\cancel{8}}}$$

$$= \dfrac{29}{9 \times 4} = \dfrac{29}{36}\,(\text{km})$$

따라서 5분 동안 갈 수 있는 거리는

$$\dfrac{29}{36} \times 5 = \dfrac{145}{36} = 4\dfrac{1}{36}\,(\text{km})$$

010

정답 $\dfrac{16}{35}$ m

해설 금속관 1 kg의 길이는

$$\dfrac{4}{15} \div \dfrac{7}{12} = \dfrac{4}{\underset{5}{\cancel{15}}} \times \dfrac{\overset{4}{\cancel{12}}}{7} = \dfrac{4 \times 4}{5 \times 7} = \dfrac{16}{35}\,(\text{m})$$

011

정답 6명

해설 $2\dfrac{2}{5} \div \dfrac{3}{8} = \dfrac{12}{5} \div \dfrac{3}{8} = \dfrac{\overset{4}{\cancel{12}}}{5} \times \dfrac{8}{\underset{1}{\cancel{3}}}$

$$= \dfrac{4 \times 8}{5} = \dfrac{32}{5} = 6\dfrac{2}{5}$$

따라서 모두 6명까지 나누어줄 수 있습니다.

개념이해하기

본문 p. 41

001

정답 2

해설 $\square+3=5$

$\square+3-3=5-3$

$\square=2$

002

정답 9

해설 $\square-2=7$

$\square-2+2=7+2$

$\square=9$

003

정답 2

해설 $9-\square=7$

$9-\square+\square=7+\square$

$9=7+\square$

$9-7=7+\square-7$

$2=\square$

참고 $9=7+\square$에서

$9-7=7-7+\square$, $2=\square$

와 같이 계산할 수도 있습니다.

004

정답 $\dfrac{3}{7}$

해설 $\square+\dfrac{2}{7}=\dfrac{5}{7}$

$\square+\dfrac{2}{7}-\dfrac{2}{7}=\dfrac{5}{7}-\dfrac{2}{7}$

$\square=\dfrac{3}{7}$

005

정답 $\dfrac{6}{7}$

해설 $\dfrac{4}{7}=\square-\dfrac{2}{7}$

$\dfrac{4}{7}+\dfrac{2}{7}=\square-\dfrac{2}{7}+\dfrac{2}{7}$

$\dfrac{6}{7}=\square$

006

정답 $\dfrac{2}{7}$

해설 $1-\square=\dfrac{5}{7}$

$1-\square+\square=\dfrac{5}{7}+\square$

$1=\dfrac{5}{7}+\square$

$1-\dfrac{5}{7}=\dfrac{5}{7}+\square-\dfrac{5}{7}$

$\dfrac{2}{7}=\square$

참고 $1=\dfrac{5}{7}+\square$에서

$1-\dfrac{5}{7}=\dfrac{5}{7}-\dfrac{5}{7}+\square$, $\dfrac{2}{7}=\square$

와 같이 계산할 수도 있습니다.

007

정답 $2\dfrac{3}{5}$

해설 $6=3\dfrac{2}{5}+\square$

$6-3\dfrac{2}{5}=3\dfrac{2}{5}-3\dfrac{2}{5}+\square$

$5\dfrac{5}{5}-3\dfrac{2}{5}=\square$

$(5-3)+\left(\dfrac{5}{5}-\dfrac{2}{5}\right)=\square$

$2+\dfrac{3}{5}=\square$

$2\dfrac{3}{5}=\square$

008

정답 4

해설 $\square-\dfrac{3}{5}=3\dfrac{2}{5}$

$\square-\dfrac{3}{5}+\dfrac{3}{5}=3\dfrac{2}{5}+\dfrac{3}{5}$

$\square=3+\left(\dfrac{2}{5}+\dfrac{3}{5}\right)$

$\square=3+1$

$\square=4$

009

정답 $2\dfrac{3}{5}$

해설 $\dfrac{11}{5}=4\dfrac{4}{5}-\square$

$\dfrac{11}{5}+\square=4\dfrac{4}{5}-\square+\square$

$\dfrac{11}{5}+\square=4\dfrac{4}{5}$

$\dfrac{11}{5}-\dfrac{11}{5}+\square=4\dfrac{4}{5}-\dfrac{11}{5}$

$\square=4\dfrac{4}{5}-2\dfrac{1}{5}$

$\square=(4-2)+\left(\dfrac{4}{5}-\dfrac{1}{5}\right)$

$\square=2+\dfrac{3}{5}$

$\square=2\dfrac{3}{5}$

010

정답 $\dfrac{5}{12}$

해설 $\dfrac{3}{8}+\square=\dfrac{19}{24}$

$\dfrac{3}{8}-\dfrac{3}{8}+\square=\dfrac{19}{24}-\dfrac{3}{8}$

$\square=\dfrac{19}{24}-\dfrac{3\times3}{8\times3}$

$\square=\dfrac{19}{24}-\dfrac{9}{24}$

$\square=\dfrac{\overset{5}{\cancel{10}}}{\underset{12}{\cancel{24}}}=\dfrac{5}{12}$

참고 24와 8의 최소공배수 24로 통분합니다.

011

정답 $\dfrac{7}{15}$

해설 $\dfrac{1}{6}=\square-\dfrac{3}{10}$

$\dfrac{1}{6}+\dfrac{3}{10}=\square-\dfrac{3}{10}+\dfrac{3}{10}$

$\dfrac{1\times5}{6\times5}+\dfrac{3\times3}{10\times3}=\square$

$\dfrac{5}{30}+\dfrac{9}{30}=\square$

$\dfrac{\overset{7}{\cancel{14}}}{\underset{15}{\cancel{30}}}=\dfrac{7}{15}=\square$

참고 6과 10의 최소공배수 30으로 통분합니다.

012

정답 $\dfrac{1}{6}$

해설 $\dfrac{7}{15}-\square=\dfrac{3}{10}$

$\dfrac{7}{15}-\square+\square=\dfrac{3}{10}+\square$

$\dfrac{7}{15}=\dfrac{3}{10}+\square$

$\dfrac{7}{15}-\dfrac{3}{10}=\dfrac{3}{10}-\dfrac{3}{10}+\square$

$\dfrac{7\times2}{15\times2}-\dfrac{3\times3}{10\times3}=\square$

$\dfrac{14}{30}-\dfrac{9}{30}=\square$

$\dfrac{\overset{1}{\cancel{5}}}{\underset{6}{\cancel{30}}}=\dfrac{1}{6}=\square$

참고 15와 30의 최소공배수 30으로 통분합니다.

013

정답 $2\dfrac{3}{14}$

해설 $3\dfrac{1}{2}=1\dfrac{2}{7}+\square$

$3\dfrac{1}{2}-1\dfrac{2}{7}=1\dfrac{2}{7}-1\dfrac{2}{7}+\square$

$(3-1)+\left(\dfrac{1}{2}-\dfrac{2}{7}\right)=\square$

$2+\left(\dfrac{1\times7}{2\times7}-\dfrac{2\times2}{7\times2}\right)=\square$

$2+\left(\dfrac{7}{14}-\dfrac{4}{14}\right)=\square$

$2+\dfrac{3}{14}=2\dfrac{3}{14}=\square$

014

정답 $3\dfrac{5}{6}$

해설 $\square-1\dfrac{1}{2}=2\dfrac{1}{3}$

$\square-1\dfrac{1}{2}+1\dfrac{1}{2}=2\dfrac{1}{3}+1\dfrac{1}{2}$

$\square=(2+1)+\left(\dfrac{1}{3}+\dfrac{1}{2}\right)$

$\square=3+\left(\dfrac{1\times2}{3\times2}+\dfrac{1\times3}{2\times3}\right)$

$\square=3+\left(\dfrac{2}{6}+\dfrac{3}{6}\right)$

$\square=3+\dfrac{5}{6}=3\dfrac{5}{6}$

015

정답 $1\frac{1}{2}$

해설 $2\frac{2}{3}=4\frac{1}{6}-\square$

$2\frac{2}{3}+\square=4\frac{1}{6}-\square+\square$

$2\frac{2}{3}+\square=4\frac{1}{6}$

$2\frac{2}{3}-2\frac{2}{3}+\square=4\frac{1}{6}-2\frac{2}{3}$

$\square=(3+1\frac{1}{6})-2\frac{2}{3}$

$\square=(3-2)+(\frac{7}{6}-\frac{2}{3})$

$\square=(3-2)+(\frac{7}{6}-\frac{2\times2}{3\times2})$

$\square=1+(\frac{7}{6}-\frac{4}{6})=1+\frac{\overset{1}{\cancel{3}}}{\underset{2}{\cancel{6}}}=1+\frac{1}{2}=1\frac{1}{2}$

016

정답 4

해설 $\square\times3=12$

$\square\times3\div3=12\div3$

$\square=4$

017

정답 10

해설 $\square\div2=5$

$\square\div2\times2=5\times2$

$\square=10$

018

정답 2

해설 $8\div\square=4$

$8\div\square\times\square=4\times\square$

$8=4\times\square$

$8\div4=4\div4\times\square$

$2=\square$

019

정답 $\frac{1}{3}$

해설 $\square\times\frac{1}{4}=\frac{1}{12}$

$\square\times\frac{1}{4}\div\frac{1}{4}=\frac{1}{12}\div\frac{1}{4}$

$\square=\frac{1}{\underset{3}{\cancel{12}}}\times\frac{\overset{1}{\cancel{4}}}{1}=\frac{1}{3}$

020

정답 $1\frac{5}{7}$

해설 $6=\square\div\frac{2}{7}$

$6\times\frac{2}{7}=\square\div\frac{2}{7}\times\frac{2}{7}$

$\frac{12}{7}=1\frac{5}{7}=\square$

021

정답 $\frac{3}{5}$

해설 $\frac{4}{5}\div\square=1\frac{1}{3}$

$\frac{4}{5}\div\square\times\square=1\frac{1}{3}\times\square$

$\frac{4}{5}=1\frac{1}{3}\times\square$

$\frac{4}{5}\div1\frac{1}{3}=1\frac{1}{3}\div1\frac{1}{3}\times\square$

$\frac{4}{5}\div\frac{4}{3}=\square$

$\frac{\overset{1}{\cancel{4}}}{5}\times\frac{3}{\underset{1}{\cancel{4}}}=\frac{3}{5}=\square$

022

정답 $1\frac{3}{7}$

해설 $3\frac{1}{3}=2\frac{1}{3}\times\square$

$3\frac{1}{3}\div2\frac{1}{3}=2\frac{1}{3}\div2\frac{1}{3}\times\square$

$3\frac{1}{3}\div2\frac{1}{3}=\square$

$\frac{10}{3}\div\frac{7}{3}=\square$

$\frac{10}{\underset{1}{\cancel{3}}}\times\frac{\overset{1}{\cancel{3}}}{7}=\frac{10}{7}=1\frac{3}{7}=\square$

023

정답 $4\frac{1}{8}$

해설 $\square\div1\frac{1}{2}=2\frac{3}{4}$

$\square\div1\frac{1}{2}\times1\frac{1}{2}=2\frac{3}{4}\times1\frac{1}{2}$

$$\square = \frac{11}{4} \times \frac{3}{2}$$

$$= \frac{33}{8} = 4\frac{1}{8}$$

024

정답 $1\frac{5}{9}$

해설 $2\frac{4}{7} = 4 \div \square$

$2\frac{4}{7} \times \square = 4 \div \square \times \square$

$2\frac{4}{7} \times \square = 4$

$2\frac{4}{7} \div 2\frac{4}{7} \times \square = 4 \div 2\frac{4}{7}$

$\square = 4 \div 2\frac{4}{7} = 4 \div \frac{18}{7} = \overset{2}{4} \times \frac{7}{\underset{9}{18}} = \frac{14}{9} = 1\frac{5}{9}$

개념이해하기　　　　　　　　　　　본문 p. 43

001

정답 $x+2=3$ / $x=1$

해설 어떤 수를 x라 합시다.

어떤 수에 2를 더했더니 3이 되었으므로

$x+2=3$

입니다. 이때 좌변에 있는 $+2$를 우변으로 이항하면 $+$부호가 $-$부호로 바뀌므로

$x=3-2$, $x=1$

입니다.

002

정답 $x-3=4$ / $x=7$

해설 어떤 수를 x라 합시다.

어떤 수에서 3을 뺐더니 4가 되었으므로

$x-3=4$

입니다. 이때 좌변에 있는 -3을 우변으로 이항하면 $-$부호가 $+$부호로 바뀌므로

$x=4+3$, $x=7$

입니다.

003

정답 $x \times 4 = 20$ / $x=5$

해설 어떤 수를 x라 합시다.

어떤 수에 4를 곱했더니 20이 되었으므로

$x \times 4 = 20$

입니다. 이때 양변을 4로 나누면

$x \times 4 \div 4 = 20 \div 4$, $x=5$

입니다.

참고 $x \times 4 = 20$의 양변에 $\frac{1}{4}$을 곱해도 됩니다.

$x \times 4 \times \frac{1}{4} = \overset{5}{20} \times \frac{1}{\underset{1}{4}}$, $x=5$

004

정답 $x \div 5 = 15$ / $x=75$

해설 어떤 수를 x라 합시다.

어떤 수를 5로 나누었더니 15가 되었으므로

$x \div 5 = 15$

입니다. 이때 양변에 5를 곱하면

$x \div 5 \times 5 = 15 \times 5$, $x=75$

입니다.

005

정답 5

해설 $x+5=8$의 양변에서 5를 뺍니다.

$x+5-5=8-5$

$\rightarrow x=3$

006

정답 3

해설 $x-3=7$의 양변에 3을 더합니다.

$x-3+3=7+3$

$\rightarrow x=10$

007

정답 5

해설 $x \div 5=3$의 양변에 5를 곱합니다.

$x \div 5 \times 5=3 \times 5$

$\rightarrow x=15$

008

정답 4

해설 $x \times 4=20$의 양변을 4로 나눕니다.

$x \times 4 \div 4=20 \div 4$

$\rightarrow x=5$

009

정답 $x=10-7$ / 3

해설 $x+7=10$

$\rightarrow (x=10-7)$

$\rightarrow x=3$

010

정답 $x=7+4$ / 11

해설 $x-4=7$

$\rightarrow (x=7+4)$

$\rightarrow x=11$

011

정답 $x=10-7$ / 3

해설 $7+x=10$

$\rightarrow (x=10-7)$

$\rightarrow x=3$

012

정답 $9-7=x$ / 2

해설 $9-x=7$

$\rightarrow 9=7+x$

$\rightarrow (9-7=x)$

$\rightarrow x=2$

013

정답 3

해설 $2 \times x=6$

$\rightarrow 2 \times x \div 2=6 \div 2$ (등식의 성질)

$\rightarrow x=3$

014

정답 8 / 4

해설 $2 \times x-1=7$

$\rightarrow 2 \times x=7+1$ (이항)

$\rightarrow 2 \times x=8$

$\rightarrow 2 \times x \div 2=8 \div 2$ (등식의 성질)

$\rightarrow x=4$

015

정답 6 / 2

해설 $3 \times x+4=10$

$\rightarrow 3 \times x=10-4$ (이항)

$\rightarrow 3 \times x=6$

$\rightarrow 3 \times x \div 3=6 \div 3$ (등식의 성질)

$\rightarrow x=2$

016

정답 2 / 8

해설 $\dfrac{1}{4} \times x+3=5$

$\rightarrow \dfrac{1}{4} \times x=5-3$ (이항)

$\rightarrow \dfrac{1}{4} \times x=2$

$\rightarrow \dfrac{1}{4} \times x \div \dfrac{1}{4}=2 \div \dfrac{1}{4}$ (등식의 성질)

$\rightarrow x=2 \times \dfrac{4}{1}=8$

해설 $\dfrac{1}{4} \times x+3=5$

$\rightarrow \dfrac{1}{4} \times x=5-3$ (이항)

$\rightarrow \dfrac{1}{4} \times x=2$

$\rightarrow \dfrac{1}{4} \times x \times 4=2 \times 4$ (등식의 성질)

$\rightarrow x=8$

017

정답 2

해설 어떤 수를 x라 합시다.

어떤 수에 7을 곱한 다음 5를 더했더니 19가 되었으므로

$x \times 7 + 5 = 19$

입니다. 좌변에 있는 $+5$를 우변으로 이항하면

$x \times 7 = 19 - 5$, $x \times 7 = 14$

입니다. 이때 양변을 7로 나누면

$x \times 7 \div 7 = 14 \div 7$, $x = 2$

입니다.

018

정답 45

해설 어떤 수를 x라 합시다.

어떤 수를 3으로 나눈 다음 2를 뺐더니 13이 되었으므로

$x \div 3 - 2 = 13$

입니다. 좌변에 있는 -2를 우변으로 이항하면

$x \div 3 = 13 + 2$, $x \div 3 = 15$

입니다. 이때 양변에 3을 곱하면

$x \div 3 \times 3 = 15 \times 3$, $x = 45$

입니다.

DAY 12 각도와 삼각형

개념이해하기 본문 p. 45

001

정답 $50°$

해설 직각은 $90°$이므로

㉠$+40° = 90°$, ㉠$= 50°$

002

정답 $135°$

해설 평각은 $180°$이므로

㉠$+45° = 180°$, ㉠$= 135°$

003

정답 $60°$

해설 평각은 $180°$이므로

$30° + 90° + ㉠ = 180°$

$120° + ㉠ = 180°$, ㉠$= 60°$

004

정답 $70°$

해설 삼각형의 세 각의 크기의 합은 $180°$이고 이등변삼각형의 두 각의 크기는 서로 같습니다.

이때 서로 같은 두 각의 크기 중 한 각의 크기를 □라 하면

$40° + □ + □ = 180°$

$□ + □ = 140°$, $□ = 70°$

005

정답 5 cm

해설 이등변삼각형의 두 변의 길이는 서로 같으므로

$□ = 5 \text{ cm}$

006

정답 $70°$ / 9 cm

해설 이등변삼각형의 두 각의 크기는 서로 같으므로

$□ = 70°$

이등변삼각형의 두 변의 길이는 서로 같으므로

$□ = 9 \text{ cm}$

007

정답 $60°$

해설 삼각형의 세 각의 크기의 합은 $180°$이고 정삼각

형의 세 각의 크기는 서로 같습니다.
따라서 정삼각형의 한 각의 크기는
□=180÷3=60°입니다.

008
정답 7cm / 7cm
해설 정삼각형의 세 변의 길이는 모두 같으므로
□=7 cm

009
정답 60° / 60° / 120°
해설 정삼각형의 한 각의 크기는 □=60°입니다.

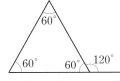

참고 삼각형의 한 외각의 크기(120°)는 그와 이웃하지
않는 두 내각의 크기의 합(60°+60°)과 같습니다.

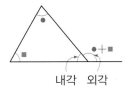
내각 외각

010
정답 30°
해설 삼각형의 세 각의 크기의 합은 180°이므로
80°+70°+□=180°
150°+□=180°, □=30°

011
정답 150°
해설 삼각형의 세 각의 크기의 합은 180°이므로
60°+90°+㉠=180°
150°+㉠=180°, ㉠=30°
평각은 180°이므로
㉠+□=180°
30°+□=180°, □=150°

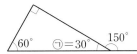
60° ㉠=30° 150°

참고 삼각형의 한 외각의 크기(150°)는 그와 이웃하지
않는 두 내각의 크기의 합(60°+90°)과 같습니다.

내각 외각

012
정답 20°
해설 삼각형의 세 각의 크기의 합은 180°이므로
70°+40°+㉠=180°
110°+㉠=180°, ㉠=70°

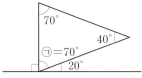
70°
㉠=70°
40°
20°

평각은 180°이므로 90°+70°+㉠=180°
90°+70°+□=180°
160°+□=180°, □=20°

013
정답 80°
해설 사각형은 1개의 대각선을 그으면 2개의 삼각형으
로 나누어지므로 사각형의 네 각의 크기의 합은
2×180°=360°입니다.
150°+85°+45°+□=360°
280°+□=360°, □=80°

014
정답 125°
해설 사각형은 1개의 대각선을 그으면 2개의 삼각형으
로 나누어지므로 사각형의 네 각의 크기의 합은
2×180°=360°입니다.
60°+85°+90°+□=360°
235°+□=360°, □=125°

015
정답 95°
해설 평각은 180°이므로
75°+㉠=180°, ㉠=105°
사각형은 1개의 대각선을 그으면 2개의 삼각형으
로 나누어지므로 사각형의 네 각의 크기의 합은
2×180°=360°입니다.
105°+70°+100°+㉡=360°
275°+㉡=360°, ㉡=85°
평각은 180°이므로
85°+□=180°, □=95°

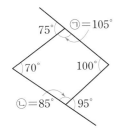

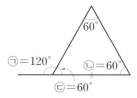

$\bigcirc+\bigcirc=\bigcirc+60°=180°, \bigcirc=120°$

본문 p. 46

문제수준높이기

001

정답 $55°$

해설 평각은 $180°$이므로
$\bigcirc+35°+90°=180°, \bigcirc+125°=180°, \bigcirc=55°$

002

정답 $100°$

해설 평각은 $180°$이므로
$50°+\bigcirc+30°=180°, 80°+\bigcirc=180°, \bigcirc=100°$

003

정답 $40°$

해설 평각은 $180°$이므로
$40°+\bigcirc=180°, \bigcirc=140°$
$\bigcirc+\bigcirc=140°+\bigcirc=180°, \bigcirc=40°$

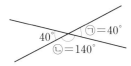

004

정답 $50°$

해설 평각은 $180°$이므로
$\bigcirc+130°=180°, \bigcirc=50°$
이등변삼각형의 두 각의 크기는 같으므로
$\bigcirc=\bigcirc=50°$

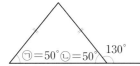

005

정답 $120°$

해설 이등변삼각형의 두 각의 크기는 같으므로
$\bigcirc=60°$
삼각형의 세 각의 크기의 합은 $180°$이므로
$60°+60°+\bigcirc=180°, 120°+\bigcirc=180°, \bigcirc=60°$
평각은 $180°$이므로

006

정답 $50°$

해설 평각은 $180°$이므로
$\bigcirc+115°=180°, \bigcirc=65°$
이등변삼각형의 두 각의 크기는 같으므로
$\bigcirc=\bigcirc=65°$
삼각형의 세 각의 크기의 합은 $180°$이므로
$\bigcirc+\bigcirc+\bigcirc=65°+65°+\bigcirc=180°$
$130°+\bigcirc=180°, \bigcirc=50°$

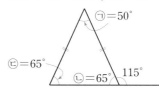

007

정답 $4 \text{ cm} / 60°$

해설 정삼각형의 세 변의 길이는 모두 같으므로
□$=4 \text{ cm}$이고 정삼각형의 한 각의 크기는
□$=60°$입니다.

008

정답 2 cm

해설 정삼각형의 세 변의 길이는 모두 같으므로
ㄴㄷ의 길이는 4 cm입니다.
선분 ㄱㄹ은 선분 ㄴㄷ과 수직이면서
선분 ㄴㄷ을 이등분하므로 선분 ㄴㄹ의 길이는
$4÷2=2(\text{cm})$입니다.

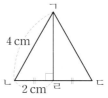

009

정답 $60°$

해설 정삼각형의 한 각의 크기는 $60°$이므로 $\bigcirc=60°$
평각은 $180°$이므로
$60°+\bigcirc+$□$=60°+60°+$□$=180°$
$120°+$□$=180°, $□$=60°$

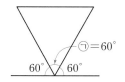

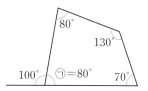

010

정답 $65°$

해설 삼각형의 세 각의 크기의 합은 $180°$이므로
$50°+\Box+65°=180°$, $115°+\Box=180°$, $\Box=65°$

011

정답 $50°$

해설 삼각형의 세 각의 크기의 합은 $180°$이므로
$40°+\Box+90°=180°$, $130°+\Box=180°$, $\Box=50°$

012

정답 $120°$

해설 삼각형의 세 각의 크기의 합은 $180°$이므로
$55°+65°+㉠=180°$, $120°+㉠=180°$, $㉠=60°$
평각은 $180°$이므로
$㉠+\Box=60°+\Box=180°$, $\Box=120°$

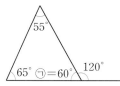

013

정답 $60°$

해설 사각형은 1개의 대각선을 그으면 2개의 삼각형으로 나누어지므로 사각형의 네 각의 크기의 합은
$2×180°=360°$입니다.
$100°+110°+90°+\Box=360°$
$300°+\Box=360°$, $\Box=60°$

014

정답 $100°$

해설 사각형은 1개의 대각선을 그으면 2개의 삼각형으로 나누어지므로 사각형의 네 각의 크기의 합은
$2×180°=360°$입니다.
$80°+130°+70°+㉠=360°$
$280°+㉠=360°$, $㉠=80°$
평각은 $180°$이므로
$\Box+㉠=\Box+80°=180°$, $\Box=100°$

015

정답 $30°$

해설 삼각형의 세 각의 크기의 합은 $180°$이므로
$30°+90°+㉠=180°$, $120°+㉠=180°$, $㉠=60°$
직각은 $90°$이므로
$㉠+\Box=60°+\Box=90°$, $\Box=30°$

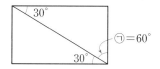

응용문제도전하기   본문 p. 47

001

정답 ○

002

정답 ○

003

정답 ○

해설 둔각은 $90°$보다 크고 $180°$보다 작은 각입니다.
둔각이 2개이면 $180°$보다 큰 각이 되어 삼각형의 세 각의 크기의 합이 $180°$라는 조건을 만족하지 못합니다.

참고 둔각삼각형의 한 각은 둔각이고 나머지 두 각은 예각입니다.

004

정답 ✕

해설 한 각이 둔각인 이등변삼각형이 있습니다.
예를 들어 세 각의 크기가 $20°$, $20°$, $140°$인 삼각형은 둔각삼각형이면서 이등변삼각형입니다.

005

정답 ✕

해설 세 각이 모두 예각인 이등변삼각형이 있습니다.
예를 들어 세 각의 크기가 모두 $60°$인 정삼각형은 예각삼각형이면서 이등변삼각형입니다.

006

정답 ○

007

정답 ○

해설 정삼각형은 한 각의 크기가 60°이므로 예각삼각형입니다. 또한 정삼각형은 세 변의 길이가 모두 같으므로 두 변의 길이가 같은 이등변삼각형이기도 합니다.

008

정답 ×

해설 삼각형의 세 각의 크기의 합은 항상 180°입니다. 어떤 삼각형을 확대하거나 축소하더라도 세 각의 크기의 합은 항상 180°입니다.

009

정답 ○

해설 정삼각형은 크기와 상관없이 세 각의 크기는 항상 60°로 모두 같습니다.

010

정답 ○

해설 모든 사각형은 1개의 대각선을 그어 2개의 삼각형으로 나눌 수 있습니다.
또한 모든 삼각형의 세 각의 크기의 합은 항상 180°입니다.
따라서 사각형의 네 각의 크기의 합은 항상 360°입니다.

011

정답 ○

참고 n각형에서 대각선을 그어 만들 수 있는 삼각형은 $(n-2)$개입니다.
따라서 오각형에서 대각선을 그어 만들 수 있는 삼각형은 $5-2=3$(개)입니다.

참고 오각형은 2개의 대각선을 그을 수 있습니다.

012

정답 9 cm

해설 정삼각형의 세 변의 길이는 모두 같습니다.
따라서 길이가 27 cm인 철사를 겹치지 않게 모두 사용하여 만든 정삼각형의 한 변의 길이는
$27 \div 3 = 9$(cm)
입니다.

013

정답 30°

해설 삼각형 ㄱㄷㄹ이 정삼각형이므로 각 ㄱㄷㄹ의 크기는 60°입니다.
이때 평각은 180°이므로
(각 ㄱㄷㄹ)+(각 ㄱㄷㄴ)=180°
60°+(각 ㄱㄷㄴ)=180°
(각 ㄱㄷㄴ)=120°
삼각형 ㄱㄴㄷ이 이등변삼각형이므로
(각 ㄱㄴㄷ)=(각 ㄴㄱㄷ)입니다.
(각 ㄴㄱㄷ)={180°−(각 ㄱㄷㄴ)}÷2
　　　　　=(180°−120°)÷2
　　　　　=60°÷2=30°

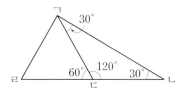

014

정답 5개

해설 칠각형에서 대각선을 그어 만들 수 있는 삼각형은 $7-2=5$(개)입니다.

참고 n각형에서 대각선을 그어 만들 수 있는 삼각형은 $(n-2)$개입니다.

015

정답 1080°

해설 팔각형에서 대각선을 그어 만들 수 있는 삼각형은 $8-2=6$(개)입니다.
삼각형의 내각의 크기의 합은 180°이므로 팔각형의 모든 각의 크기의 합은 $6 \times 180° = 1080°$입니다.

DAY 13 평행과 수직

개념이해하기 본문 p. 49

001

정답 가, 나 / 다, 마

해설 두 직선은 위치에 따라 다음과 같이 3가지 경우로 나뉩니다.
(1) 한 점에서 만난다.
(2) 평행하다.(만나지 않는다.)
(3) 일치한다.(서로 겹친다.)
이때 두 직선이 만나지 않을 때 평행하다고 합니다.
따라서 서로 평행한 선분은 가와 나, 다와 마입니다.

참고 평행한 두 직선은 두 직선을 연장했을 때 만나지 않습니다.

002

정답 다 / 마

003

정답 가 / 나

004

정답 선분 ㄱㄹ

해설 점 ㄱ에서 직선 가에 직각인 수선 ㄱㄹ을 내렸을 때 그 수선의 길이가 가장 짧습니다.

참고 평행한 두 직선(가, 점 ㄱ을 지나가는 점선인 직선) 사이의 거리는 선분 ㄱㄹ의 길이입니다.

005

정답 선분 ㄱㄹ

해설 점 ㄱ에서 직선 가에 직각인 수선 ㄱㄹ(선분 ㄱㄹ)을 내렸을 때 그 수선의 길이가 가장 짧습니다.
이때 점 ㄱ과 직선 가 사이의 거리를 나타내는 선분은 ㄱㄹ입니다.

006

정답 4 cm

해설 선분 ㄱㄹ과 선분 ㄴㄷ 사이의 거리는 선분 ㄹㄷ의 길이가 4 cm입니다.

007

정답 4 cm

해설 선분 ㄱㄹ과 선분 ㄴㄷ 사이의 거리는 선분 ㄹㅁ의 길이가 4 cm입니다.

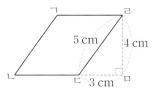

008

정답 4 cm

해설 선분 ㄱㄹ과 선분 ㄴㄷ 사이의 거리는 선분 ㄱㅁ의 길이가 4 cm입니다.

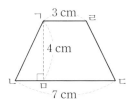

009

정답

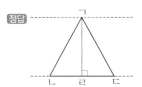

해설 점 ㄱ에서 선분 ㄴㄷ에 수직인 선분 ㄱㄹ을 긋습니다.

010

정답

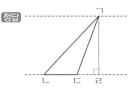

해설 점 ㄱ에서 선분 ㄴㄷ의 연장선에 수직인 선분 ㄱㄹ을 긋습니다.

011

정답

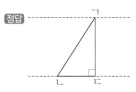

해설 선분 ㄱㄷ이 점 ㄱ에서 밑변 ㄴㄷ에 그은 수선입니다.

012

정답 ○

해설 두 직선은 위치에 따라 다음과 같이 3가지 경우로 나뉩니다.

(1) 한 점에서 만난다.
(2) 평행하다.(만나지 않는다.)
(3) 일치한다.(서로 겹친다.)
이때 두 직선이 만나지 않을 때 평행하다고 합니다.

013
[정답] ◯
[해설] 다음 그림과 같이 한 직선에 수직인 두 직선은 평행합니다.

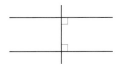

014
[정답] ◯

[개념이해하기] 본문 p. 51

001
[정답] 가, 나, 다, 라, 마
[해설] 사다리꼴은 평행한 변이 한 쌍이라도 있는 사각형입니다.

002
[정답] 나, 다, 라, 마
[해설] 평행사변형은 마주 보는 두 쌍의 변이 서로 평행한 사각형입니다.

003
[정답] 다, 마
[해설] 직사각형은 네 각이 모두 직각인 사각형입니다.

004
[정답] 라, 마
[해설] 마름모는 네 변의 길이가 모두 같은 사각형입니다.

005
[정답] 마
[해설] 정사각형은 네 변의 길이가 모두 같고 네 각이 모두 직각인 사각형입니다.

006
[정답] 나, 다, 라, 마

007
[정답] 나, 다, 라, 마

008
[정답] 나, 다, 라, 마

009
[정답] 3 cm
[해설] 변 ㄱㄴ의 길이는 변 ㄹㄷ의 길이와 같습니다.

010
[정답] 5 cm
[해설] 변 ㄴㄷ의 길이는 변 ㄱㄹ의 길이와 같습니다.

011

정답 $70°$

해설 평행사변형에서 마주 보는 두 각의 크기가 같으므로 각 ㄱㄹㄷ의 크기는 각 ㄱㄴㄷ의 크기와 같습니다.

012

정답 $110°$

해설 평행사변형에서 이웃하는 두 각의 크기의 합은 $180°$입니다.

(각 ㄱㄴㄷ의 크기)+(각 ㄴㄷㄹ의 크기)=$180°$

$70°$+(각 ㄴㄷㄹ의 크기)=$180°$

(각 ㄴㄷㄹ의 크기)=$110°$

013

정답 $4\,cm$

해설 변 ㄱㄴ의 길이는 변 ㄹㄷ의 길이와 같습니다.

014

정답 $4\,cm$

해설 마름모는 네 변의 길이가 모두 같은 사각형입니다. 변 ㄴㄷ의 길이는 변 ㄹㄷ의 길이와 같습니다.

015

정답 $120°$

해설 마름모에서 마주 보는 두 각의 크기가 같으므로 각 ㄴㄷㄹ의 크기는 각 ㄴㄱㄹ의 크기와 같습니다.

016

정답 $60°$

해설 마름모에서 이웃하는 두 각의 크기의 합은 $180°$입니다.

(각 ㄴㄱㄹ의 크기)+(각 ㄱㄹㄷ의 크기)=$180°$

$120°$+(각 ㄱㄹㄷ의 크기)=$180°$

(각 ㄱㄹㄷ의 크기)=$60°$

개념이해하기 본문 p. 53

001

정답 정오각형

002

정답 정육각형

003

정답 정팔각형

004

정답 $45\,cm$

해설 정다각형은 변의 길이가 모두 같고, 각의 크기가 모두 같은 다각형입니다.

한 변의 길이가 $5\,cm$인 정구각형의 둘레의 길이는 $9×5=45(cm)$입니다.

005

정답 $1260°$

해설 정다각형은 변의 길이가 모두 같고, 각의 크기가 모두 같은 다각형입니다.

한 각의 크기가 $140°$인 정구각형의 모든 각의 크기의 합은 $9×140°=1260°$입니다.

006

정답 2개 / 5개

해설 오각형의 한 꼭짓점에서 그을 수 있는 대각선은 $5-3=2$(개)입니다.

오각형의 꼭짓점은 모두 5개이므로 오각형에서 그을 수 있는 대각선의 개수는 $5×2=10$(개)입니다.

이때 한 대각선은 2개의 꼭짓점을 이은 것입니다. 따라서 오각형에서 그을 수 있는 대각선은 모두 $\dfrac{10}{2}=5$(개)입니다.

참고 (1) n각형의 한 꼭짓점에서 그을 수 있는 대각선은 $(n-3)$개입니다.

(2) n각형에서 그을 수 있는 대각선은 모두

$$\frac{n(n-3)}{2}$$(개)입니다.

007

정답 3개 / 9개

해설 육각형의 한 꼭짓점에서 그을 수 있는 대각선은
6−3=3(개)입니다.

육각형의 꼭짓점은 모두 6개이므로 육각형에서
그을 수 있는 대각선의 개수 6×3=18(개)입니다.
이때 한 대각선은 2개의 꼭짓점을 이은 것입니다.
따라서 육각형에서 그을 수 있는 대각선은 모두
$\frac{18}{2}$=9(개)입니다.

008

정답 4개 / 14개

해설 칠각형의 한 꼭짓점에 그을 수 있는 대각선은
7−3=4(개)입니다.

칠각형의 꼭짓점은 모두 7개이므로 칠각형에서
그을 수 있는 대각선의 개수는 7×4=28(개)입
니다.
이때 한 대각선은 2개의 꼭짓점을 이은 것입니다.
따라서 칠각형에서 그을 수 있는 대각선은 모두
$\frac{28}{2}$=14(개)입니다.

009

정답 나, 다, 라, 마

해설 한 대각선이 다른 대각선을 똑같이 반으로 나누
는 사각형은 평행사변형, 직사각형, 마름모, 정
사각형입니다.

010

정답 다, 마

해설 두 대각선의 길이가 같은 사각형은 직사각형, 정
사각형입니다.

011

정답 라, 마

해설 두 대각선이 서로 수직인 사각형은 마름모, 정사
각형입니다.

012

정답 라, 마

해설 대각선을 기준으로 접었을 때 완전히 겹쳐지는
사각형은 두 대각선이 서로 수직이고 한 대각선
이 다른 대각선을 똑같이 반으로 나누는 마름모,
정사각형입니다.

013

정답 ○

해설 정사각형은 마름모의 조건, 즉 네 변의 길이가 모
두 같은 사각형을 만족합니다.

014

정답 ○

해설 평행사변형은 사다리꼴의 조건, 즉 평행한 변이
한 쌍이라도 있는 사각형을 만족합니다.

015

정답 ○

해설 네 변의 길이가 모두 같은 사각형을 마름모라고
합니다.
네 각이 모두 직각인 사각형을 직사각형이라고
합니다.
따라서 마름모이면서 직사각형인 도형, 즉 네 변
의 길이가 모두 같고 네 각이 모두 직각인 사각형
은 정사각형입니다.

개념이해하기 본문 p. 55

001

정답 12 cm²

해설 (삼각형의 넓이)

　＝(밑변의 길이)×(높이)÷2

　＝6×4÷2

　＝12(cm²)

해설 (삼각형의 넓이)

　＝(직사각형의 넓이)÷2

　＝(가로의 길이)×(세로의 길이)÷2

　＝6×4÷2

　＝12(cm²)

002

정답 10 cm²

해설 (삼각형의 넓이)

　＝(밑변의 길이)×(높이)÷2

　＝5×4÷2

　＝10(cm²)

해설 똑같은 삼각형 2개를 겹치지 않게 붙이면 평행사변형이 됩니다.

　(삼각형의 넓이)

　＝(평행사변형의 넓이)÷2

　＝(밑변의 길이)×(높이)÷2

　＝5×4÷2

　＝10(cm²)

003

정답 8 cm²

해설 (삼각형의 넓이)

　＝(밑변의 길이)×(높이)÷2

　＝4×4÷2

　＝8(cm²)

004

정답 24 cm²

해설 (직사각형의 넓이)

　＝(가로의 길이)×(세로의 길이)

　＝6×4

　＝24(cm²)

005

정답 20 cm²

해설 (직사각형의 넓이)

　＝(가로의 길이)×(세로의 길이)

　＝5×4

　＝20(cm²)

006

정답 16 cm²

해설 (정사각형의 넓이)

　＝(한 변의 길이)×(한 변의 길이)

　＝4×4

　＝16(cm²)

007

정답 24 cm²

해설 (평행사변형의 넓이)

　＝(밑변의 길이)×(높이)

　＝6×4

　＝24(cm²)

008

정답 20 cm²

해설 (평행사변형의 넓이)

　＝(밑변의 길이)×(높이)

　＝5×4

　＝20(cm²)

009

정답 16 cm²

해설 (평행사변형의 넓이)

　＝(밑변의 길이)×(높이)

　＝4×4

　＝16(cm²)

010

정답 12 cm²

해설 (마름모의 넓이)

　＝(한 대각선의 길이)×(다른 대각선의 길이)÷2

　＝6×4÷2

　＝12(cm²)

해설 마름모의 한 대각선이 직사각형의 가로가, 마름모의 다른 대각선이 직사각형의 세로가 되도록 그리면 마름모의 넓이는 직사각형 넓이의 절반입니다.

(마름모의 넓이)
= (직사각형의 넓이)÷2
= (가로의 길이)×(세로의 길이)÷2
= $6×4÷2$
= $12(\text{cm}^2)$

011

정답 $24\,\text{cm}^2$

해설 (마름모의 넓이)
= (한 대각선의 길이)×(다른 대각선의 길이)÷2
= $8×6÷2$
= $24(\text{cm}^2)$

012

정답 $15\,\text{cm}^2$

해설 (마름모의 넓이)
= (한 대각선의 길이)×(다른 대각선의 길이)÷2
= $6×5÷2$
= $15(\text{cm}^2)$

013

정답 $25\,\text{cm}^2$

해설 (사다리꼴의 넓이)
= {(윗변의 길이)+(아랫변의 길이)}×(높이)÷2
= $(4+6)×5÷2$
= $25(\text{cm}^2)$

해설 똑같은 사다리꼴 2개를 겹치지 않게 붙이면 평행사변형(이 문제에서는 직사각형)이 됩니다.
(사다리꼴의 넓이)
= (직사각형의 넓이)÷2
= (가로의 길이)×(세로의 길이)÷2
= $(6+4)×5÷2$
= $25(\text{cm}^2)$

014

정답 $20\,\text{cm}^2$

해설 (사다리꼴의 넓이)
= {(윗변의 길이)+(아랫변의 길이)}×(높이)÷2
= $(3+5)×5÷2$
= $20(\text{cm}^2)$

해설 똑같은 사다리꼴 2개를 겹치지 않게 붙이면 평행사변형이 됩니다.
(사다리꼴의 넓이)
= (평행사변형의 넓이)÷2
= (밑변의 길이)×(높이)÷2

= $(5+3)×5÷2$
= $20(\text{cm}^2)$

015

정답 $27\dfrac{1}{2}\,\text{cm}^2$

해설 (사다리꼴의 넓이)
= {(윗변의 길이)+(아랫변의 길이)}×(높이)÷2
= $(7+4)×5÷2$
= $27\dfrac{1}{2}(\text{cm}^2)$

문제수준높이기 본문 p. 56

001

정답 $7\,\text{cm}$

해설 (삼각형의 넓이)=(밑변의 길이)×(높이)÷2이므로
$28=8×\square÷2$
$28×2=8×\square÷2×2$
$56=8×\square,\ \square=7(\text{cm})$

002

정답 $4\,\text{cm}$

해설 (삼각형의 넓이)=(밑변의 길이)×(높이)÷2이므로
$16=\square×8÷2$
$16×2=\square×8÷2×2$
$32=\square×8,\ \square=4(\text{cm})$

003

정답 $8\,\text{cm}$

해설 (삼각형의 넓이)=(밑변의 길이)×(높이)÷2입니다.
삼각형의 높이를 ○ cm라 하면
왼쪽 삼각형의 넓이가 $12\,\text{cm}^2$이므로
$4×○÷2=12$
$4×○÷2×2=12×2$
$4×○=24,\ ○=6(\text{cm})$
오른쪽 삼각형의 넓이가 $24\,\text{cm}^2$이므로
$\square×6÷2=24$
$\square×6÷2×2=24×2$
$\square×6=48,\ \square=8(\text{cm})$

해설 왼쪽 삼각형과 오른쪽 삼각형의 높이는 같습니다. 오른쪽 삼각형의 넓이($24\,\text{cm}^2$)가 왼쪽 삼각형의 넓이($12\,\text{cm}^2$)의 2배이므로 오른쪽 삼각형의 밑변의 길이($\square\,\text{cm}$)는 왼쪽 삼각형의 밑변의 길이($4\,\text{cm}$)의 2배, 즉 $4×2=8(\text{cm})$입니다.

참고 두 삼각형의 높이가 같을 때
   (1) 두 삼각형의 넓이의 비가 ○ : □이면 두 삼각형의 밑변의 길이의 비도 ○ : □입니다.
   (2) 두 삼각형의 밑변의 길이의 비가 ○ : □이면 두 삼각형의 넓이의 비도 ○ : □입니다.

004

정답 2 cm

해설 (직사각형의 넓이)
$$= (가로의 길이) \times (세로의 길이)$$
이므로
$$12 = 6 \times \square, \quad \square = 2(cm)$$

005

정답 22 cm^2

해설 (색칠한 부분의 넓이)
$$= (큰 직사각형의 넓이) - (작은 직사각형의 넓이)$$
이므로
$$\square = (7 \times 4) - (3 \times 2) = 28 - 6 = 22(cm^2)$$

006

정답 15 cm^2

해설 (색칠한 부분의 넓이)
$$= (직사각형의 넓이) - (삼각형의 넓이)$$
이므로
$$\square = (5 \times 4) - \left(4 \times \frac{5}{2} \div 2\right)$$
$$= 20 - 5 = 15(cm^2)$$

해설 직사각형의 두 대각선은 직사각형의 넓이를 4등분합니다.
색칠한 부분의 넓이는 직사각형 넓이의 $\frac{3}{4}$이므로
(색칠한 부분의 넓이)
$$= (직사각형의 넓이) \times \frac{3}{4}$$
$$= (5 \times 4) \times \frac{3}{4}$$
$$= 15(cm^2)$$

007

정답 9 cm

해설 (평행사변형의 넓이) $=$ (밑변의 넓이) $\times$ (높이)
이므로
$$45 = 5 \times \square, \quad \square = 9(cm)$$

008

정답 48 cm^2

해설 (평행사변형의 넓이) $=$ (밑변의 길이) $\times$ (높이)입니다.
평행사변형의 높이를 ○ cm라 하면
왼쪽 평행사변형의 넓이가 24 cm^{2}이므로
$$3 \times ○ = 24, \quad ○ = 8(cm)$$
오른쪽 평행사변형의 넓이는
$$\square = 6 \times 8 = 48(cm^2)$$

해설 왼쪽 평행사변형과 오른쪽 평행사변형의 높이는 같습니다.
오른쪽 평행사변형의 밑변의 길이(6 cm)가 왼쪽 평행사변형의 밑변의 길이(3 cm)의 2배이므로 오른쪽 평행사변형의 넓이는 왼쪽 평행사변형의 넓이(24 cm^2)의 2배, 즉 24 $\times$ 2 $=$ 48(cm^2)입니다.

009

정답 28 cm^2

해설 (평행사변형의 넓이) $=$ (밑변의 길이) $\times$ (높이)
$$= 8 \times 7 = 56(cm^2)$$
이때 대각선은 평행사변형의 넓이를 둘로 정확히 나누므로 색칠한 부분의 넓이는
$$\square = 56 \div 2 = 28(cm^2)$$

010

정답 14 cm

해설 (마름모의 넓이)
$$= (한 대각선의 길이) \times (다른 대각선의 길이) \div 2$$
이므로
$$8 \times \square \div 2 = 56, \quad 8 \times \square \div 2 \times 2 = 56 \times 2$$
$$8 \times \square = 112, \quad \square = 14(cm)$$

011

정답 10 cm

해설 (마름모의 넓이)
$$= (한 대각선의 길이) \times (다른 대각선의 길이) \div 2$$
이므로
$$40 = 8 \times \square \div 2, \quad 40 \times 2 = 8 \times \square \div 2 \times 2$$
$$80 = 8 \times \square, \quad \square = 10(cm)$$

012

정답 15 cm^2

해설 (마름모의 넓이)

　＝(한 대각선의 길이)×(다른 대각선의 길이)÷2

　＝$8 \times 5 \div 2 = 20 (\text{cm}^2)$

따라서 색칠한 부분의 넓이는

마름모 넓이의 $\frac{3}{4}$이므로

$\square = \overset{5}{20} \times \frac{3}{\underset{1}{4}} = 15(\text{cm}^2)$

013

정답 5 cm

해설 (사다리꼴의 넓이)

　＝{(윗변의 길이)＋(아랫변의 길이)}×(높이)÷2

이므로

$20 = (5+3) \times \square \div 2$

$20 \times 2 = (5+3) \times \square \div 2 \times 2$

$40 = 8 \times \square, \square = 5(\text{cm})$

해설 똑같은 사다리꼴 2개를 겹치지 않게 붙이면

평행사변형(이 문제에서는 직사각형)이 됩니다.

(사다리꼴의 넓이)

　＝(직사각형의 넓이)÷2

　＝(가로의 길이)×(세로의 길이)÷2

이므로

$20 = (5+3) \times \square \div 2$

$20 \times 2 = (5+3) \times \square \div 2 \times 2$

$40 = 8 \times \square, \square = 5(\text{cm})$

014

정답 6 cm

해설 (사다리꼴의 넓이)

　＝{(윗변의 길이)＋(아랫변의 길이)}×(높이)÷2

이므로

$42 = (8+\square) \times 6 \div 2$

$42 \times 2 = (8+\square) \times 6 \div 2 \times 2$

$84 = (8+\square) \times 6$

$84 \div 6 = (8+\square) \times 6 \div 6$

$14 = 8+\square, \square = 6(\text{cm})$

015

정답 5 cm

해설 (사다리꼴의 넓이)

　＝{(윗변의 길이)＋(아랫변의 길이)}×(높이)÷2

이므로

$25 = (6+4) \times \square \div 2$

$25 \times 2 = (6+4) \times \square \div 2 \times 2$

$50 = 10 \times \square, \square = 5(\text{cm})$

응용문제도전하기　　　　　본문 p. 57

001

정답 28 cm^2

해설 색칠한 부분의 넓이는

$(2 \times 7 \div 2) + (6 \times 7 \div 2)$

$= 7 + 21 = 28(\text{cm}^2)$

002

정답 25 cm^2

해설 색칠한 부분의 넓이는

$(5 \times 6 \div 2) + (5 \times 4 \div 2)$

$= 15 + 10 = 25(\text{cm}^2)$

003

정답 25 cm^2

해설 ㉠＋㉡＝$(6 \times 5 \div 2) + (2 \times 10 \div 2)$

　　　　＝$15 + 10 = 25(\text{cm}^2)$

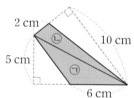

004

정답 36 cm^2

해설 넓이가 9 cm^2인 정사각형의 한 변의 길이는 3 cm

입니다.

이 정사각형의 한 변의 길이를 2배로 늘렸으므로

$2 \times 3 = 6(\text{cm})$입니다.

따라서 이 정사각형의 한 변의 길이를 2배로 늘

린 도형의 넓이는 $6 \times 6 = 36(\text{cm}^2)$입니다.

해설 정사각형의 한 변의 길이를 a배 늘리면 넓이는

$a \times a$배 늘어납니다.

넓이가 9 cm^2인 정사각형의 한 변의 길이를 2배

늘린 정사각형의 넓이는 $9 \times 2 \times 2 = 36(\text{cm}^2)$입

니다.

005

정답 9 cm

해설 삼각형 ㄱㄹㄷ과 삼각형 ㄱㄴㄹ의 높이는 같습니다.

따라서 삼각형 ㄱㄹㄷ의 넓이가 삼각형 ㄱㄴㄹ의

넓이의 2배이므로 삼각형 ㄱㄹㄷ의 밑변 ㄹㄷ의
길이는 삼각형 ㄱㄴㄹ의 밑변 ㄴㄹ의 길이의 2
배, 즉 $3 \times 2 = 6(\text{cm})$입니다.

(변 ㄴㄷ의 길이)

= (변 ㄴㄹ의 길이) + (변 ㄹㄷ의 길이)

= $3 + 6 = 9(\text{cm})$

006

정답 $3\,\text{cm}$

해설 삼각형과 사다리꼴의 높이와 넓이가 각각 서로
같습니다. 이때 그 높이를 $\bigcirc\,\text{cm}$라 하면

(삼각형의 넓이) $= 12 \times \bigcirc \div 2$

(사다리꼴의 넓이) $= (9 + \square) \times \bigcirc \div 2$

이므로

$12 \times \bigcirc \div 2 = (9 + \square) \times \bigcirc \div 2$

$12 \times \bigcirc = (9 + \square) \times \bigcirc$

$12 = 9 + \square$, $\square = 3(\text{cm})$

007

정답 $84\,\text{cm}^2$

해설 색칠한 부분의 도형을 한 곳에 모으면 가로의 길
이가 $14 - 2 = 12(\text{cm})$, 세로의 길이가
$10 - 3 = 7(\text{cm})$인 직사각형이 됩니다.
이 직사각형의 넓이는 $12 \times 7 = 84(\text{cm}^2)$입니다.

008

정답 $7\frac{1}{2}\,\text{cm}^2$

해설 두 삼각형 ㄹㄷㅁ, ㄹㄱㅁ의 높이는 서로 같습니
다. 그 높이를 $\bigcirc\,\text{cm}$라 하면

(삼각형 ㄹㄷㅁ의 넓이) $= 4 \times \bigcirc \div 2 = 12(\text{cm}^2)$

이므로 높이는 $\bigcirc = 6(\text{cm})$입니다.

(삼각형 ㄹㄱㅁ의 넓이) $= 6 \times 6 \div 2 = 18(\text{cm}^2)$

(삼각형 ㄱㄹㄷ의 넓이)

= (삼각형 ㄹㄷㅁ의 넓이) + (삼각형 ㄹㄱㅁ의 넓이)

= $12 + 18 = 30(\text{cm}^2)$

두 삼각형 ㄱㄴㄹ, ㄱㄹㄷ의 높이는 서로 같습니다.
그 높이를 $\square\,\text{cm}$라 하면

(삼각형 ㄱㄹㄷ의 넓이) $= 12 \times \square \div 2 = 30(\text{cm}^2)$

이므로 높이는 $\square = 5(\text{cm})$입니다.

따라서 삼각형 ㄱㄴㄹ의 넓이는

$3 \times 5 \div 2 = \frac{15}{2} = 7\frac{1}{2}(\text{cm}^2)$

입니다.

DAY 17 합동

개념이해하기   본문 p. 59

001

정답 점 ㄹ

002

정답 변 ㅁㅂ

003

정답 각 ㄹㅁㅂ

004

정답 $12\,\text{cm}$

해설 합동인 두 삼각형의 대응변의 길이는 서로 같습
니다.
따라서 변 ㄹㅂ의 길이는 대응변 ㄱㄷ의 길이
$12\,\text{cm}$와 같습니다.

005

정답 $4\,\text{cm}$

해설 합동인 두 삼각형의 대응변의 길이는 서로 같습
니다.
따라서 변 ㄹㅂ의 길이는 대응변 ㄱㄷ의 길이
$4\,\text{cm}$와 같습니다.

006

정답 $65°$

해설 합동인 두 삼각형의 대응각의 크기는 서로 같습
니다.
따라서 각 ㄹㅂㅁ의 크기는 대응각 ㄱㄷㄴ의 크
기와 같습니다.

(각 ㄹㅂㅁ의 크기)

= (각 ㄱㄷㄴ의 크기)

= $180° - 60° - 55° = 65°$

007

정답 $30°$

해설 합동인 두 삼각형의 대응각의 크기는 서로 같습
니다.
따라서 각 ㄹㅂㅁ의 크기는 대응각 ㄱㄷㄴ의 크
기와 같고 각 ㄱㄴㄷ의 크기는 대응각 ㄹㅁㅂ의
크기 $90°$와 같습니다.

(각 ㄹㅂㅁ의 크기)
=(각 ㄱㄷㄴ의 크기)
=180°−(각 ㄱㄴㄷ의 크기)−(각 ㄴㄱㄷ의 크기)
=180°−(각 ㄹㅁㅂ의 크기)−(각 ㄴㄱㄷ의 크기)
=180°−90°−60°=30°

008

정답 50°

해설 합동인 두 삼각형의 대응각의 크기는 서로 같습
니다.
따라서 각 ㄱㄴㄷ의 크기는 대응각 ㄹㅁㅂ의 크
기 50°와 같습니다.

009

정답 60°

해설 각 ㄱㄷㄴ의 크기는 대응각 ㄹㅂㅁ의 크기와 같
습니다.
(각 ㄱㄷㄴ의 크기)
=(각 ㄹㅂㅁ의 크기)
=180°−70°−50°=60°

010

정답 8 cm

해설 합동인 두 삼각형의 대응변의 길이는 서로 같습
니다.
따라서 변 ㄱㄴ의 길이는 대응변 ㄹㅁ의 길이
8 cm와 같습니다.

011

정답 75°

해설 합동인 두 삼각형의 대응각의 크기는 서로 같습
니다.
따라서 각 ㄴㄱㄷ의 크기는 대응각 ㅁㄹㅂ의 크
기 75°와 같습니다.

012

정답 40°

해설 각 ㄱㄷㄴ의 크기는 대응각 ㄹㅂㅁ의 크기와 같
습니다.
(각 ㄱㄷㄴ의 크기)
=(각 ㄹㅂㅁ의 크기)
=180°−75°−65°=40°

013

정답 3 cm

해설 합동인 두 삼각형의 대응변의 길이는 서로 같습
니다.
따라서 변 ㄹㅁ의 길이는 대응변 ㄱㄴ의 길이
3 cm와 같습니다.

DAY 18 원

개념이해하기 본문 p. 61

001

정답 18 cm

해설 (원주)=(지름의 길이)×(원주율)
$$=6×3=18(cm)$$

002

정답 24 cm

해설 $8×3=24(cm)$

003

정답 30 cm

해설 (원주)=(반지름의 길이)×2×(원주율)
$$=5×2×3=30(cm)$$

004

정답 48 cm^2

해설 (원의 넓이)
 =(반지름의 길이)×(반지름의 길이)×(원주율)
 $=4×4×3=48(cm^2)$

005

정답 75 cm^2

해설 $5×5×3=75(cm^2)$

006

정답 108 cm^2

해설 반지름의 길이가 6 cm이므로
 $6×6×3=108(cm^2)$

007

정답 9 cm^2

해설 30°는 360°의 $\frac{1}{12}$이므로 색칠한 부분의 넓이는

 (원의 넓이)×$\frac{1}{12}$

 $=(6×6×3)×\frac{1}{12}=9(cm^2)$

참고 $\frac{30°}{360°}=\frac{1}{12}$

008

정답 27 cm^2

해설 직각 90°는 360°의 $\frac{1}{4}$이므로 색칠한 부분의 넓이는

 (원의 넓이)×$\frac{1}{4}$

 $=(6×6×3)×\frac{1}{4}=27(cm^2)$

참고 $\frac{90°}{360°}=\frac{1}{4}$

009

정답 36 cm^2

해설 120°는 360°의 $\frac{1}{3}$이므로 색칠한 부분의 넓이는

 (원의 넓이)×$\frac{1}{3}$

 $=(6×6×3)×\frac{1}{3}=36(cm^2)$

참고 $\frac{120°}{360°}=\frac{1}{3}$

010

정답 36 cm^2

해설 (색칠한 부분의 넓이)
 =(큰 원의 넓이)-(작은 원의 넓이)
 $=(4×4×3)-(2×2×3)$
 $=48-12=36(cm^2)$

011

정답 12 cm^2

해설 (색칠한 부분의 넓이)
 =(큰 반원의 넓이)-(작은 반원의 넓이)×2
 $=(4×4×3)÷2-\{(2×2×3)÷2\}×2$
 $=24-12=12(cm^2)$

해설 작은 반원 2개를 합치면 작은 원이 됩니다.
 (색칠한 부분의 넓이)
 =(큰 반원의 넓이)-(작은 원의 넓이)
 $=(4×4×3)÷2-(2×2×3)$
 $=24-12=12(cm^2)$

012

정답 24 cm^2

해설 아래 그림처럼 왼쪽의 작은 반원을 오른쪽 반원에 끼워 넣으면 큰 반원이 됩니다.
 (색칠한 부분의 넓이)
 $=(4×4×3)÷2$

$=24(\text{cm}^2)$

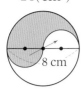
8 cm

013

정답 ×

해설 원주율은 원의 크기에 상관없이 항상 일정합니다.

014

정답 ○

해설 원의 지름이 2배, 3배, 4배, … 커지면 원주도 2배, 3배, 4배, … 커집니다.
따라서 원의 지름이 2배 커지면 원주도 2배 커집니다.

015

정답 ○

해설 원의 지름이 2배, 3배, 4배, … 커지면 원의 넓이는 2×2배, 3×3배, 4×4배, … 커집니다.
따라서 원의 반지름이 2배 커지면 원의 넓이는 $2\times2=4$(배) 커집니다.

문제수준높이기   본문 p. 62

001

정답 21 cm

해설 직각 $90°$는 $360°$의 $\frac{1}{4}$이므로 색칠한 부분의 곡선의 길이는 (원주)$\times\frac{1}{4}$입니다.

$6+6+(12\times3)\times\frac{1}{4}=21(\text{cm})$

002

정답 30 cm

해설 평각 $180°$는 $360°$의 $\frac{1}{2}$이므로 색칠한 부분의 곡선의 길이는 (원주)$\times\frac{1}{2}$입니다.

$12+(12\times3)\times\frac{1}{2}=30(\text{cm})$

003

정답 39 cm

해설 $270°$는 $360°$의 $\frac{3}{4}$이므로 색칠한 부분의 곡선의

길이는 (원주)$\times\frac{3}{4}$입니다.

$6+6+(12\times3)\times\frac{3}{4}=39(\text{cm})$

004

정답 18 cm^2

해설 $60°$는 $360°$의 $\frac{1}{6}$이므로 색칠한 부분의 넓이는

(원의 넓이)$\times\frac{1}{6}$

$=(6\times6\times3)\times\frac{1}{6}=18(\text{cm}^2)$

005

정답 54 cm^2

해설 평각 $180°$는 $360°$의 $\frac{1}{2}$이므로 색칠한 부분의 넓이는

(원의 넓이)$\times\frac{1}{2}$

$=(6\times6\times3)\times\frac{1}{2}=54(\text{cm}^2)$

006

정답 36 cm^2

해설 $120°$는 $360°$의 $\frac{1}{3}$이므로 색칠한 부분의 넓이는

(원의 넓이)$\times\frac{1}{3}$

$=(6\times6\times3)\times\frac{1}{3}=36(\text{cm}^2)$

007

정답 81 cm^2

해설 (색칠한 부분의 넓이)
$=$(큰 반원의 넓이)$+$(작은 반원의 넓이)$\times2$
$=$(큰 반원의 넓이)$+$(작은 원의 넓이)
$=(6\times6\times3)\div2+(3\times3\times3)$
$=54+27=81(\text{cm}^2)$

008

정답 54 cm^2

해설 (색칠한 부분의 넓이)
$=$(큰 원의 넓이)$-$(작은 원의 넓이)$\times2$
$=(6\times6\times3)-(3\times3\times3)\times2$
$=108-54=54(\text{cm}^2)$

009

정답 36 cm^2

해설 (색칠한 부분의 넓이)

$\quad$ =(원의 넓이)−(마름모의 넓이)

$\quad$ =$(6 \times 6 \times 3)-(12 \times 12)\div 2$

$\quad$ =$108-72=36(\text{cm}^2)$

010

정답 36 cm^2

해설 (색칠한 부분의 넓이)

$\quad$ =(정사각형의 넓이)−(원의 넓이)$\times \dfrac{1}{4}$

$\quad$ =$(12 \times 12)-(12 \times 12 \times 3)\times \dfrac{1}{4}$

$\quad$ =$144-108=36(\text{cm}^2)$

011

정답 36 cm^2

해설 (색칠한 부분의 넓이)

$\quad$ =(정사각형의 넓이)−(반원의 넓이)$\times 2$

$\quad$ =(정사각형의 넓이)−(원의 넓이)

$\quad$ =$(12 \times 12)-(6 \times 6 \times 3)$

$\quad$ =$144-108=36(\text{cm}^2)$

012

정답 36 cm^2

해설 (색칠한 부분의 넓이)

$\quad$ =(정사각형의 넓이)−(사분원의 넓이)$\times 4$

$\quad$ =(정사각형의 넓이)−(원의 넓이)

$\quad$ =$(12 \times 12)-(6 \times 6 \times 3)$

$\quad$ =$144-108=36(\text{cm}^2)$

참고 사분원은 원을 4등분한 것을 의미합니다.

013

정답 ×

해설 원주율을 원의 크기에 상관없이 항상 일정합니다.

014

정답 ○

해설 원의 중심을 지나는 직선은 원을 이등분하는 지름입니다.

015

정답 ○

해설 원주율은 3.14입니다. 이것은 원주가 원의 지름

의 3.14배임을 의미하므로 원주는 원의 지름의 3배보다 길고 원의 지름의 4배보다 짧다는 것을 의미합니다.

001

정답 50 cm^2

해설 아래 그림의 색칠한 부분의 넓이, 즉

$\quad$ (사분원의 넓이)−(직각이등변삼각형의 넓이)

$\quad$ 의 2배를 구하면 됩니다.

$\quad$ (사분원의 넓이)−(직각이등변삼각형의 넓이)

$\quad$ =$(10 \times 10 \times 3)\times \dfrac{1}{4}-(10 \times 10 \div 2)$

$\quad$ =$75-50=25(\text{cm}^2)$

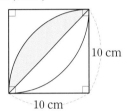

10 cm

10 cm

따라서 색칠한 부분의 넓이는

$25 \times 2=50(\text{cm}^2)$입니다.

참고 한 각이 직각인 이등변삼각형을 직각이등변삼각형이라고 합니다.

002

정답 $37\dfrac{1}{2} \text{ cm}^2$

해설 (색칠한 부분의 넓이)

$\quad$ =(사분원의 넓이)−(반원의 넓이)

$\quad$ =$(10 \times 10 \times 3)\times \dfrac{1}{4}-(5 \times 5 \times 3)\div 2$

$\quad$ =$75-37\dfrac{1}{2}=37\dfrac{1}{2}(\text{cm}^2)$

003

정답 $12\dfrac{1}{2} \text{ cm}^2$

해설 (색칠한 부분의 넓이)

$\quad$ =(큰 사분원의 넓이)

$\qquad$ −(작은 사분원의 넓이)$\times 2$

$\qquad$ −(작은 정사각형의 넓이)

$\quad$ =$(10 \times 10 \times 3)\times \dfrac{1}{4}$

$\qquad$ −$(5 \times 5 \times 3)\times \dfrac{1}{4}\times 2-(5 \times 5)$

$\quad$ =$75-37\dfrac{1}{2}-25$

$$=\left(74+\frac{2}{2}\right)-37\frac{1}{2}-25$$
$$=12\frac{1}{2}(\text{cm}^2)$$

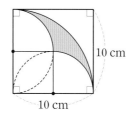

$$=(40\times2)+(20\times2)+(10\times2\times3)$$
$$=80+40+60=180(\text{cm})$$

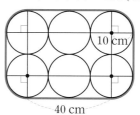

004

정답 140 cm

해설 반원 두 개를 합치면 원이 됩니다.
(묶은 끈의 길이)
＝(직사각형의 가로의 길이)×2
　＋(원의 둘레의 길이)
＝(40×2)+(10×2×3)
＝80+60=140(cm)

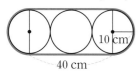

007

정답 288 cm² / 48 cm

해설 원은 직선으로 움직이다가 꼭짓점을 만나면 곡선
으로 움직입니다.
각의 크기가 120°인 삼분원 3개를 합치면 원이
됩니다.
(원이 지나간 넓이)
＝(직사각형의 넓이)×3+(원의 넓이)
＝(10×6)×3+(6×6×3)
＝180+108=207(cm²)
(원의 중심이 움직인 거리)
＝(직사각형의 가로의 길이)×3
　＋(원의 둘레의 길이)
＝10×3+(3×2×3)
＝30+18=48(cm)

005

정답 120 cm

해설 각의 크기가 120°인 삼분원을 3개를 합치면 원이
됩니다.
(묶은 끈의 길이)
＝(직사각형의 가로의 길이)×3
　＋(원의 둘레의 길이)
＝(20×3)+(10×2×3)
＝60+60=120(cm)

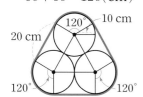

참고 삼분원은 원을 3등분한 것을 의미합니다.

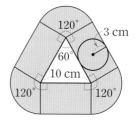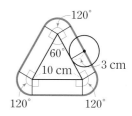

008

정답 288 cm² / 48 cm

해설 원은 직선으로 움직이다가 꼭짓점을 만나면 곡선
으로 움직입니다.
각의 크기가 90°인 사분원을 4개를 합치면 원이
됩니다.
(원이 지나간 넓이)
＝(직사각형의 넓이)×2
　＋(직사각형의 넓이)×2
　＋(원의 넓이)
＝(10×6)×2+(5×6)×2+(6×6×3)
＝120+60+108
＝288(cm²)
(원의 중심이 움직인 거리)
＝(직사각형의 가로의 길이)×2

006

정답 180 cm

해설 각의 크기가 90°인 사분원을 4개를 합치면 원이
됩니다.
(묶은 끈의 길이)
＝(직사각형의 가로의 길이)×2
　＋(직사각형의 세로의 길이)×2
　＋(원의 둘레의 길이)

$+$(직사각형의 세로의 길이)$\times 2$
$+$(원의 둘레의 길이)
$=(10\times2)+(5\times2)+(3\times2\times3)$
$=20+10+18=48(\text{cm})$

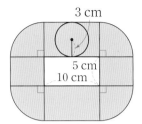
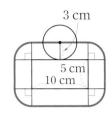

개념이해하기   본문 p. 65

001
정답 6개

002
정답 12개

003
정답 8개

004
정답 3쌍
해설 크기가 같은 면은 밑면 1쌍, 옆면 2쌍으로 모두 3쌍입니다.

005
정답 면 ㅁㅂㅅㅇ

006
정답 면 ㄱㄴㅂㅁ, 면 ㄹㄷㅅㅇ
　　　면 ㄱㄴㄷㄹ, 면 ㅁㅂㅅㅇ

007
정답 면 ㄱㄴㅂㅁ, 면 ㄱㄴㄷㄹ, 면 ㄱㄹㅇㅁ

008
정답 90 cm^3
해설 (직육면체의 부피)
　　$=$(가로의 길이)$\times$(세로의 길이)$\times$(높이)
　　$=5\times6\times3$
　　$=90(\text{cm}^3)$

009
정답 24 cm^3
해설 (직육면체의 부피)
　　$=$(가로의 길이)$\times$(세로의 길이)$\times$(높이)
　　$=4\times2\times3$
　　$=24(\text{cm}^3)$

010

정답 $96\,\mathrm{cm}^3$

해설 (직육면체의 부피)
$=$(가로의 길이)$\times$(세로의 길이)$\times$(높이)
$=3\times8\times4$
$=96(\mathrm{cm}^3)$

011

정답 $166\,\mathrm{cm}^2$

해설 (직육면체의 겉넓이)
$=(7\times4)\times2+(4\times5)\times2+(5\times7)\times2$
$=56+40+70$
$=166(\mathrm{cm}^2)$

012

정답 $72\,\mathrm{cm}^2$

해설 (직육면체의 겉넓이)
$=(2\times3)\times2+(3\times6)\times2+(6\times2)\times2$
$=12+36+24$
$=72(\mathrm{cm}^2)$

013

정답 $158\,\mathrm{cm}^2$

해설 (직육면체의 겉넓이)
$=(5\times8)\times2+(8\times3)\times2+(3\times5)\times2$
$=80+48+30$
$=158(\mathrm{cm}^2)$

014

정답 $60\,\mathrm{cm}$

해설 한 모서리의 길이가 $5\,\mathrm{cm}$이고 모서리가 12개이
므로 모든 모서리의 길이의 합은
$5\times12=60(\mathrm{cm})$

015

정답 $125\,\mathrm{cm}^3$

해설 (정육면체의 부피)
$=$(가로의 길이)$\times$(세로의 길이)$\times$(높이)
$=5\times5\times5$
$=125(\mathrm{cm}^3)$

016

정답 $150\,\mathrm{cm}^2$

해설 한 면의 넓이가 $5\times5=25(\mathrm{cm}^2)$이고 면이 모두
6개이므로 겉넓이는

$25\times6=150(\mathrm{cm}^2)$

문제수준높이기 본문 p. 66

001

정답 면 ㄹㄷㅅㅇ

002

정답 면 ㄴㅂㅅㄷ, 면 ㄴㄷㄹㄱ
면 ㄱㄹㅇㅁ, 면 ㅂㅅㅇㅁ

참고 직육면체에서 한 면에 수직인 면은 모두 4개입니다.

003

정답 3쌍

해설 서로 평행한 면은 다음과 같이 3쌍입니다.
(면 ㄱㄴㅂㅁ, 면 ㄹㄷㅅㅇ)
(면 ㄴㅂㅅㄷ, 면 ㄱㅁㅇㄹ)
(면 ㄴㄷㄹㄱ, 면 ㅂㅅㅇㅁ)

004

정답 $108\,\mathrm{cm}^2$

해설 크기가 같은 면은 2쌍이므로
$(3\times4)\times2+(4\times6)\times2+(6\times3)\times2$
$=24+48+36$
$=108(\mathrm{cm}^2)$

005

정답 $52\,\mathrm{cm}^2$

해설 크기가 같은 면은 2쌍이므로
$(2\times3)\times2+(3\times4)\times2+(4\times2)\times2$
$=12+24+16$
$=52(\mathrm{cm}^2)$

006

정답 $142\,\mathrm{cm}^2$

해설 크기가 같은 면은 2쌍이므로
$(7\times3)\times2+(3\times5)\times2+(5\times7)\times2$
$=42+30+70$
$=142(\mathrm{cm}^2)$

007

정답 $125\,\mathrm{cm}^3$

해설 한 모서리의 길이를 $\square\,\mathrm{cm}$라 하면 정육면체의
모서리는 모두 12개이고 모든 모서리의 합이
$60\,\mathrm{cm}$이므로

$\square \times 12 = 60$, $\square = 5$

따라서 정육면체의 부피는

$5 \times 5 \times 5 = 125(\text{cm}^3)$

008

정답 $8\,\text{cm}^3$

해설 정육면체는 모두 6개의 면으로 이루어져 있으므로 한 면의 넓이는 $24 \div 6 = 4(\text{cm}^2)$입니다.

한 면의 넓이가 $4\,\text{cm}^2$이므로 정육면체의 한 모서리의 길이는 $2\,\text{cm}$입니다.

따라서 정육면체의 부피는 $2 \times 2 \times 2 = 8(\text{cm}^3)$입니다.

009

정답 $4\,\text{cm}$

해설 정육면체의 한 모서리의 길이를 $\square\,\text{cm}$라 하면 부피는 $\square \times \square \times \square = 64(\text{cm}^3)$입니다.

$\square = 4(\text{cm})$

010

정답 8배

해설 한 모서리의 길이가 $4\,\text{cm}$인 정육면체의 부피는 $4 \times 4 \times 4 = 64(\text{cm}^3)$입니다.

한 모서리의 길이가 $2\,\text{cm}$인 정육면체의 부피는 $2 \times 2 \times 2 = 8(\text{cm}^3)$입니다.

따라서 한 모서리의 길이가 $4\,\text{cm}$인 정육면체의 부피는 한 모서리의 길이가 $2\,\text{cm}$인 정육면체의 부피의 8배입니다.

011

정답 $64\,\text{cm}^3$

해설 정육면체의 한 모서리의 길이가 $12 \div 3 = 4(\text{cm})$이므로 부피는 $4 \times 4 \times 4 = 64(\text{cm}^3)$입니다.

응용문제도전하기
본문 p. 67

001

정답 ○

해설 어떤 직육면체의 가로의 길이, 세로의 길이, 높이를 차례로 2, 3, 5라 하면 이 직육면체의 부피는 $2 \times 3 \times 5 = 30$입니다.

이 직육면체의 가로의 길이가 2배로 커지면 $2 \times 2 = 4$이고 새로운 직육면체의 부피는 $4 \times 3 \times 5 = 60$입니다.

따라서 처음 직육면체의 부피의 2배로 커집니다.

002

정답 ○

해설 어떤 정육면체의 한 모서리의 길이를 2라 하면 이 정육면체의 부피는 $2 \times 2 \times 2 = 8$입니다.

이 정육면체의 한 모서리의 길이가 2배로 커지면 $2 \times 2 = 4$이고 새로운 정육면체의 부피는 $4 \times 4 \times 4 = 64$입니다.

따라서 처음 정육면체의 부피의 8배로 커집니다.

003

정답 ×

해설 어떤 직육면체의 가로의 길이, 세로의 길이, 높이를 차례로 2, 3, 5라 하면 이 직육면체의 겉넓이는

$(2 \times 3) \times 2 + (3 \times 5) \times 2 + (5 \times 2) \times 2$

$= 12 + 30 + 20 = 62$

입니다.

이 직육면체의 높이가 2배로 커지면 $2 \times 5 = 10$이고 새로운 직육면체의 겉넓이는

$(2 \times 3) \times 2 + (3 \times 10) \times 2 + (10 \times 2) \times 2$

$= 12 + 60 + 40 = 112$

따라서 처음 정육면체의 겉넓이의 4배로 커지지 않습니다.

004

정답 ○

해설 어떤 정육면체의 한 모서리의 길이를 2라 하면 이 정육면체의 겉넓이는

$(2 \times 2) \times 2 + (2 \times 2) \times 2 + (2 \times 2) \times 2$

$= 8 + 8 + 8 = 24$

입니다.

이 정육면체의 한 모서리의 길이가 2배로 커지면 $2 \times 2 = 4$이고 새로운 정육면체의 겉넓이는

$(4 \times 4) \times 2 + (4 \times 4) \times 2 + (4 \times 4) \times 2$

$= 32 + 32 + 32 = 96$

입니다.

따라서 처음 정육면체의 겉넓이의 4배로 커집니다.

005

정답 $4\,\text{cm}$

해설 (정육면체의 겉넓이) = (한 밑면의 넓이) $\times$ 6

$= 12 \times 12 \times 6$

$= 864(\text{cm}^2)$

(색종이 한 장의 넓이) $= 864 \div 54 = 16(\text{cm}^2)$

색종이의 한 변의 길이를 $\square\,\text{cm}$라 하면

$\square \times \square = 16$, $\square = 4(\text{cm})$

006

정답 6 cm

해설 (정육면체의 부피)$=6×6×6=216(\text{cm}^3)$
직육면체의 부피도 216 cm^{3}이므로
$12×\square×3=216$, $36×\square=216$
$\square=6(\text{cm})$

007

정답 168 cm^2

해설 선분 ㄱㄹ의 길이를 $\square$ cm이라 하면
$\square×7=56$, $\square=8(\text{cm})$
(전개도에서 옆면의 가로의 길이)
$=(4+8)×2=24(\text{cm})$
이고 옆면의 세로의 길이는 7 cm입니다.
따라서 모든 옆면의 넓이의 합은
$24×7=168(\text{cm}^2)$입니다.

DAY 20 각기둥과 각뿔

개념이해하기 본문 p. 69

001

정답 오각기둥

해설 밑면의 모양이 오각형이므로 오각기둥입니다.

002

정답 7개

해설 오각기둥의 면은 $5+2=7$(개)입니다.

003

정답 15개

해설 오각기둥의 모서리는 $5×3=15$(개)입니다.

004

정답 10개

해설 오각기둥의 꼭짓점은 $5×2=10$(개)입니다.

005

정답 육각뿔

해설 밑면의 모양이 육각형이므로 육각뿔입니다.

006

정답 7개

해설 육각뿔의 면은 $6+1=7$(개)입니다.

007

정답 12개

해설 육각뿔의 모서리는 $6×2=12$(개)입니다.

008

정답 7개

해설 육각뿔의 꼭짓점은 $6+1=7$(개)입니다.

009

정답 84 cm^2

해설 $(3×6)+(5×6)+(4×6)+(3×4÷2)×2$
$=18+30+24+12$
$=84(\text{cm}^2)$

010

정답 $240\,\mathrm{cm}^2$

해설 $(6\times8)+(8\times8)+(10\times8)+(6\times8\div2)\times2$
$=48+64+80+48$
$=240(\mathrm{cm}^2)$

011

정답 $360\,\mathrm{cm}^2$

해설 $(12\times10)+(13\times10)+(5\times10)$
$+(5\times12\div2)\times2$
$=120+130+50+60$
$=360(\mathrm{cm}^2)$

012

정답 $36\,\mathrm{cm}^3$

해설 삼각형인 밑면의 넓이가 $(3\times4)\div2=6(\mathrm{cm}^2)$이
므로 부피는
$6\times6=36(\mathrm{cm}^3)$

013

정답 $72\,\mathrm{cm}^3$

해설 직사각형인 밑면의 넓이가 $4\times3=12(\mathrm{cm}^2)$이므
로 부피는
$12\times6=72(\mathrm{cm}^3)$

014

정답 $45\,\mathrm{cm}^3$

해설 사다리꼴인 밑면의 넓이가
$\{(4+2)\times3\}\div2=9(\mathrm{cm}^2)$
이므로 부피는
$9\times5=45(\mathrm{cm}^3)$

015

정답 $20\,\mathrm{cm}^3$

해설 $(\text{각뿔의 부피})=\dfrac{1}{3}\times(\text{밑면의 넓이})\times(\text{높이})$
$=\dfrac{1}{3}\times\{(4\times5)\div2\}\times6$
$=\dfrac{1}{3}\times\overset{2}{10}\times\underset{1}{6}=20(\mathrm{cm}^3)$

016

정답 $35\,\mathrm{cm}^3$

해설 $(\text{각뿔의 부피})=\dfrac{1}{3}\times(\text{밑면의 넓이})\times(\text{높이})$

$=\dfrac{1}{3}\times\{(5\times6)\div2\}\times7$
$=\dfrac{1}{3}\times\overset{5}{15}\times7=35(\mathrm{cm}^3)$

017

정답 $32\,\mathrm{cm}^3$

해설 $(\text{각뿔의 부피})=\dfrac{1}{3}\times(\text{밑면의 넓이})\times(\text{높이})$
$=\dfrac{1}{3}\times(4\times4)\times6$
$=\dfrac{1}{3}\times\underset{1}{16}\times\overset{2}{6}=32(\mathrm{cm}^3)$

개념이해하기 본문 p. 71

001

정답 $27 \, \text{cm}^2$

해설 (한 밑면의 넓이)
$= 3 \times 3 \times 3$
$= 27 (\text{cm}^2)$

참고 (원의 넓이)=(반지름)×(반지름)×(원주율)

002

정답 $108 \, \text{cm}^2$

해설 (옆면의 넓이)
$=$ (직사각형의 넓이)
$=$ (밑면의 둘레)×(높이)
$= (3 \times 2 \times 3) \times 6$
$= 108 (\text{cm}^2)$

참고 (원의 둘레)=(반지름)×2×(원주율)

003

정답 $162 \, \text{cm}^2$

해설 (원기둥의 겉넓이)
$=$ (한 밑면의 넓이)×2+(옆면의 넓이)
$= 27 \times 2 + 108$
$= 162 (\text{cm}^2)$

004

정답 $162 \, \text{cm}^3$

해설 (원기둥의 부피)
$=$ (한 밑면의 넓이)×(높이)
$= (3 \times 3 \times 3) \times 6$
$= 162 (\text{cm}^3)$

005

정답 $288 \, \text{cm}^2$ / $384 \, \text{cm}^3$

해설 (원기둥의 겉넓이)
$=$ (한 밑면의 넓이)×2+(옆면의 넓이)
$= (4 \times 4 \times 3) \times 2 + (4 \times 2 \times 3) \times 8$
$= 96 + 192$
$= 288 (\text{cm}^2)$
(원기둥의 부피)
$=$ (한 밑면의 넓이)×(높이)
$= (4 \times 4 \times 3) \times 8$

$= 384 (\text{cm}^3)$

006

정답 $234 \, \text{cm}^2$ / $270 \, \text{cm}^3$

해설 (원기둥의 겉넓이)
$=$ (한 밑면의 넓이)×2+(옆면의 넓이)
$= (3 \times 3 \times 3) \times 2 + (3 \times 2 \times 3) \times 10$
$= 54 + 180$
$= 234 (\text{cm}^2)$
(원기둥의 부피)
$=$ (한 밑면의 넓이)×(높이)
$= (3 \times 3 \times 3) \times 10$
$= 270 (\text{cm}^3)$

007

정답 $360 \, \text{cm}^2$ / $525 \, \text{cm}^3$

해설 (원기둥의 겉넓이)
$=$ (한 밑면의 넓이)×2+(옆면의 넓이)
$= (5 \times 5 \times 3) \times 2 + (5 \times 2 \times 3) \times 7$
$= 150 + 210$
$= 360 (\text{cm}^2)$
(원기둥의 부피)
$=$ (한 밑면의 넓이)×(높이)
$= (5 \times 5 \times 3) \times 7$
$= 525 (\text{cm}^3)$

008

정답 $48 \, \text{cm}^2$

해설 가로의 길이가 12 cm, 세로의 길이가 4 cm인 직사각형을 한 바퀴 돌려서 만든 원기둥입니다. 따라서 돌리기 전의 평면도형, 즉 직사각형의 넓이는 $12 \times 4 = 48 (\text{cm}^2)$입니다.

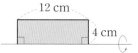

009

정답 $48 \, \text{cm}$

해설 (옆면의 둘레의 길이)
$=$ (직사각형의 가로의 길이)×2
$\quad$ +(직사각형의 세로의 길이)×2
$= (3 \times 2 \times 3) \times 2 + (6 \times 2)$
$= 36 + 12$
$= 48 (\text{cm})$

참고 직사각형의 가로의 길이는 밑면인 원의 둘레의
길이와 같습니다.

010

정답 58 cm

해설 (전개도의 둘레의 길이)
$=$(직사각형의 둘레의 길이)
$\quad+$(한 밑면의 둘레의 길이)$\times 2$
$=$(직사각형의 가로의 길이)$\times 2$
$\quad+$(직사각형의 세로의 길이)$\times 2$
$\quad+$(원의 둘레의 길이)$\times 2$
$=(2\times 2\times 3)\times 2+(5\times 2)+(2\times 2\times 3)\times 2$
$=24+10+24$
$=58(\text{cm})$

참고 직사각형의 가로의 길이는 밑면인 원의 둘레의
길이와 같습니다.

011

정답 $126\ \text{cm}^2$

해설 밑면인 원의 반지름의 길이를 □cm라 합시다.
직사각형의 가로의 길이와 밑면인 원의 둘레의
길이가 같으므로
$18=\square\times 2\times 3,\ \square=3(\text{cm})$
(입체도형의 겉넓이)
$=$(직사각형의 넓이)$+$(원의 넓이)$\times 2$
$=(18\times 4)+(3\times 3\times 3)\times 2$
$=72+54$
$=126(\text{cm}^2)$

개념이해하기 본문 p. 73

001

정답 $4:5$

002

정답 $3:4$

해설 □(기준량)에 대한 ○의 비는 ○ : □로 나타냅
니다.
따라서 4에 대한 3의 비는 $3:4$입니다.

003

정답 $12:15$

해설 ○의 □(기준량)에 대한 비는 ○ : □로 나타냅
니다.
따라서 12의 15에 대한 비는 $12:15$입니다.

004

정답 $\dfrac{2}{6}$ 또는 $\dfrac{1}{3}$

해설 정삼각형을 6개로 나눈 것 중의 2개이므로 색칠
한 부분의 비는 $\dfrac{2}{6}$ 또는 $\dfrac{1}{3}$입니다.

005

정답 $\dfrac{3}{8}$

해설 원을 8개로 나눈 것 중의 3개이므로 색칠한 부분
의 비는 $\dfrac{3}{8}$입니다.

006

정답 $\dfrac{4}{9}$

해설 정사각형을 9개로 나눈 것 중의 4개이므로 색칠
한 부분의 비는 $\dfrac{4}{9}$입니다.

007

정답 3

해설 $3:7 \Rightarrow \dfrac{3}{7}$

008

정답 5 / 4

해설 $2 : 5 \Rightarrow \dfrac{2}{5} = \dfrac{2 \times 2}{5 \times 2} = \dfrac{4}{10}$

009

정답 100 / 0.75

해설 $\dfrac{9}{12} \Rightarrow \dfrac{9}{12} = \dfrac{9 \div 3}{12 \div 3} = \dfrac{3}{4}$

$= \dfrac{3 \times 25}{4 \times 25} = \dfrac{75}{100}$

$= 0.75$

010

정답 25%

해설 $1 : 4 \Rightarrow \dfrac{1}{\underset{1}{4}} \times \overset{25}{100} = 25\%$

011

정답 80%

해설 $4 : 5 \Rightarrow \dfrac{4}{\underset{1}{5}} \times \overset{20}{100} = 4 \times 20 = 80\%$

012

정답 28%

해설 $7 : 25 \Rightarrow \dfrac{7}{\underset{1}{25}} \times \overset{4}{100} = 7 \times 4 = 28\%$

013

정답 70%

해설 $0.7 \Rightarrow 0.7 \times 100 = 70\%$

014

정답 25%

해설 $0.25 \Rightarrow 0.25 \times 100 = 25\%$

015

정답 57%

해설 $0.57 \Rightarrow 0.57 \times 100 = 57\%$

016

정답 50%

해설 전체를 2개로 나눈 것 중의 1개이므로 색칠한 부분의 비는 $\dfrac{1}{2}$입니다.

$\dfrac{1}{\underset{1}{2}} \times \overset{50}{100} = 50\%$

017

정답 40%

해설 전체를 5개로 나눈 것 중의 2개이므로 색칠한 부분의 비는 $\dfrac{2}{5}$입니다.

$\dfrac{2}{\underset{1}{5}} \times \overset{20}{100} = 2 \times 20 = 40\%$

018

정답 25%

해설 전체를 4개로 나눈 것 중의 1개이므로 색칠한 부분의 비는 $\dfrac{1}{4}$입니다.

$\dfrac{1}{\underset{1}{4}} \times \overset{25}{100} = 25\%$

문제수준높이기 본문 p. 74

001

정답 ○

002

정답 ×

해설 □(기준량)에 대한 ○의 비와 ○의 □(기준량)에 대한 비를 ○ : □로 나타냅니다.

003

정답 ○

해설 □(기준량)에 대한 ○의 비와 ○의 □(기준량)에 대한 비를 ○ : □로 나타냅니다.

004

정답 ○

005

정답 60%

해설 $3 : 5 \Rightarrow \dfrac{3}{\underset{1}{5}} \times \overset{20}{100} = 3 \times 20 = 60\%$

006

정답 30%

해설 $3 : 10 \Rightarrow \dfrac{3}{\underset{1}{10}} \times \overset{10}{100} = 3 \times 10 = 30\%$

007

정답 12%

해설 $3 : 25 \Rightarrow \dfrac{3}{\underset{1}{25}} \times \overset{4}{100} = 3 \times 4 = 12\%$

008

정답 0.3

해설 봄을 가장 좋아하는 친구는 10명이고 겨울을 가장 좋아하는 친구는 3명입니다.
따라서 봄을 가장 좋아하는 친구 수에 대한 겨울을 가장 좋아하는 친구의 비와 비율은

$3 : 10 \Rightarrow \dfrac{3}{10} = 0.3$

009

정답 50%

해설 봄을 가장 좋아하는 친구는 10명이고 여름을 가장 좋아하는 친구는 5명입니다.
따라서 봄을 가장 좋아하는 친구 수에 대한 여름을 가장 좋아하는 친구 수의 비와 백분율은

$5 : 10 \Rightarrow \dfrac{5}{\overset{1}{10}} \times \overset{10}{100} = 5 \times 10 = 50\%$

010

정답 28%

해설 철수네 반 친구들은 모두 25명이고 가을을 가장 좋아하는 친구는 7명입니다.

따라서 가을을 가장 좋아하는 친구는 전체의 $\dfrac{7}{25}$

이므로 $\dfrac{7}{\underset{1}{25}} \times \overset{4}{100} = 7 \times 4 = 28\%$입니다.

011

정답 $18 : 7$

해설 전체 학생 25명 중에서 남학생이 18명이므로 여학생은 $25 - 18 = 7$(명)입니다.
따라서 여학생 수에 대한 남학생 수의 비는
$18 : 7$입니다.

012

정답 $\dfrac{9}{11}$

해설 둘레의 길이가 40 cm인 직사각형의 가로의 길이가 9 cm이므로 세로의 길이는
$(40 \div 2) - 9 = 11(\text{cm})$
따라서 세로의 길이에 대한 가로의 길이의 비는
$9 : 11$이고 이것을 비율로 나타내면 $\dfrac{9}{11}$입니다.

013

정답 76%

해설 전체 문제 수에 대한 맞힌 문제 수의 비는

$19 : 25$이고 그 비율은 $\dfrac{19}{25}$입니다.

이것을 백분율로 고치면

$\dfrac{19}{\underset{1}{25}} \times \overset{4}{100} = 19 \times 4 = 76\%$

입니다.

응용문제도전하기
본문 p. 75

001

정답 7

해설 $0.07 \times 100 = 7(\%)$

002

정답 12

해설 $0.12 \times 100 = 12(\%)$

003

정답 80

해설 $\dfrac{4}{\underset{1}{5}} \times \overset{20}{100} = 4 \times 20 = 80(\%)$

004

정답 75

해설 $\dfrac{3}{\underset{1}{4}} \times \overset{25}{100} = 3 \times 25 = 75(\%)$

005

정답 $\dfrac{3}{20}$

해설 $\dfrac{\overset{3}{15}}{\underset{20}{100}} = \dfrac{3}{20}$

006

정답 $\dfrac{1}{4}$

해설 $\dfrac{\overset{1}{25}}{\underset{4}{100}} = \dfrac{1}{4}$

007

정답 280

해설 $\overset{7}{700} \times \dfrac{40}{\underset{1}{100}} = 7 \times 40 = 280(\text{g})$

008

정답 200

해설 $\overset{8}{800} \times \dfrac{25}{\underset{1}{100}} = 8 \times 25 = 200(\text{원})$

009

정답 90

해설 자동차를 타고 2시간 동안 180 km를 갔으므로 걸린 시간에 대한 간 거리의 비는 180 : 2이고 그 비율은 $\dfrac{180}{2}=90$입니다.

참고 걸린 시간에 대한 간 거리의 비를 속력이라고 합니다. 즉, (속력)$=\dfrac{(거리)}{(시간)}$입니다.

010

정답 시속 70 km

해설 자동차를 타고 4시간 동안 280 km를 갔으므로 걸린 시간에 대한 간 거리의 비는 280 : 4이고 그 비율은 $\dfrac{280}{4}=70$입니다.

따라서 이 자동차의 속력은 $\dfrac{280}{4}=70$, 즉 시속 70 km입니다.

참고 걸린 시간에 대한 간 거리의 비를 속력이라고 합니다. 즉, (속력)$=\dfrac{(거리)}{(시간)}$입니다.

011

정답 0.4

해설 전체 타수에 대한 안타 수의 비는 20 : 50입니다.

따라서 비율은 $\dfrac{20}{50}=\dfrac{20\times2}{50\times2}=\dfrac{40}{100}=0.4$입니다.

012

정답 30%

해설 할인한 가격은 3000$-$2100$=$900(원)입니다.
원래 가격에 대한 할인한 가격의 비는
900 : 3000입니다.

따라서 백분율은 $\dfrac{900}{\underset{30}{3000}}\times\overset{1}{100}=\dfrac{900}{30}=30\%$입니다.

013

정답 25%

해설 결승점에 도착한 사람 수는 마라톤 대회에 참가한 사람 수의 $\dfrac{1000}{4000}$입니다.

따라서 백분율은 $\dfrac{1000}{\underset{40}{4000}}\times\overset{1}{100}=\dfrac{1000}{40}=25\%$입니다.

개념이해하기　　　　　　　　본문 p. 77

001

정답 2 / 3

해설 비의 전항과 후항에 각각 0이 아닌 같은 수를 곱하여도 비율은 같습니다.
$$2 : 3=(2\times2) : (3\times2)$$
$$=(2\times3) : (3\times3)$$

002

정답 2 / 3

해설 비의 전항과 후항을 각각 0이 아닌 같은 수로 나누어도 비율은 같습니다.
$$18 : 24=(18\div2) : (24\div2)$$
$$=(18\div3) : (24\div3)$$

003

정답 2 / 6

해설 비의 전항과 후항에 각각 0이 아닌 같은 수를 곱하여도 비율은 같습니다.
$$\dfrac{1}{6} : \dfrac{1}{3}=\left(\dfrac{1}{6}\times2\right) : \left(\dfrac{1}{3}\times2\right)$$
$$=\left(\dfrac{1}{6}\times6\right) : \left(\dfrac{1}{3}\times6\right)$$

004

정답 8 / 5 / 9

해설 비의 전항과 후항에 각각 0이 아닌 같은 수를 곱하여도 비율은 같습니다.
$$\dfrac{5}{8} : 1\dfrac{1}{8}=\dfrac{5}{8} : \dfrac{9}{8}$$
$$=\left(\dfrac{5}{8}\times8\right) : \left(\dfrac{9}{8}\times8\right)$$
$$=5 : 9$$

005

정답 100 / 25 / 25 / 1

해설 비의 전항과 후항에 각각 0이 아닌 같은 수를 곱하거나 나누어도 비율은 같습니다.
$$0.25 : 1=(0.25\times100) : (1\times100)$$
$$=25 : 100$$
$$=(25\div25) : (100\div25)$$
$$=1 : 4$$

006

정답 $3:4$

해설 $12:16=(12\div4):(16\div4)$
$=3:4$

참고 두 수의 최대공약수로 나누면 가장 간단한 자연수의 비로 나타낼 수 있습니다.
12와 16의 최대공약수는 4입니다.

007

정답 $2:3$

해설 $18:27=(18\div9):(27\div9)$
$=2:3$

참고 두 수의 최대공약수로 나누면 가장 간단한 자연수의 비로 나타낼 수 있습니다.
18과 27의 최대공약수는 9입니다.

008

정답 $8:7$

해설 $24:21=(24\div3):(21\div3)$
$=8:7$

참고 24와 21의 최대공약수는 3입니다.

009

정답 $3:4$

해설 $75:100=(75\div25):(100\div25)$
$=3:4$

참고 75와 100의 최대공약수는 25입니다.

010

정답 $2:3$

해설 $0.4:0.6=(0.4\times10):(0.6\times10)$
$=4:6$
$=(4\div2):(6\div2)$
$=2:3$

011

정답 $2:1$

해설 비의 전항과 후항에 분모 2, 4의 최소공배수 4를 곱합니다.
$1\dfrac{1}{2}:\dfrac{3}{4}=\dfrac{3}{2}:\dfrac{3}{4}$
$\phantom{1\frac{1}{2}:\frac{3}{4}}=\left(\dfrac{3}{2}\times\overset{2}{\cancel{4}}\right):\left(\dfrac{3}{\cancel{4}_{1}}\times\overset{1}{\cancel{4}}\right)$
$\phantom{1\frac{1}{2}:\frac{3}{4}}=6:3$
$\phantom{1\frac{1}{2}:\frac{3}{4}}=(6\div3):(3\div3)$
$\phantom{1\frac{1}{2}:\frac{3}{4}}=2:1$

012

정답 8

해설 비례식 (외항) : (내항)=(내항) : (외항)에서 외항의 곱과 내항의 곱은 같습니다.
$3:4=6:\square$에서 $3\times\square=4\times6$
$3\times\square=24,\ \square=8$

013

정답 8

해설 비례식 (외항) : (내항)=(내항) : (외항)에서 외항의 곱과 내항의 곱은 같습니다.
$4:9=\square:18$에서 $4\times18=9\times\square$
$72=9\times\square,\ \square=8$

014

정답 4

해설 $25:10=10:\square$에서 $25\times\square=10\times10$
$25\times\square=100,\ \square=4$

015

정답 8

해설 $0.4:0.25=\square:5$에서 $0.4\times5=0.25\times\square$
$2=0.25\times\square,\ 2=\dfrac{25}{100}\times\square$
$2\times\dfrac{\overset{4}{\cancel{100}}}{\cancel{25}_{1}}=\dfrac{\cancel{25}}{\cancel{100}}\times\dfrac{\cancel{100}}{\cancel{25}_{1}}\times\square$
$2\times4=\square,\ 8=\square$

016

정답 1

해설 $1.5:\dfrac{3}{4}=2:\square$에서 $\dfrac{3}{2}:\dfrac{3}{4}=2:\square$
$\dfrac{3}{2}\times\square=\dfrac{3}{\cancel{4}_{2}}\times\overset{1}{\cancel{2}},\ \dfrac{3}{2}\times\square=\dfrac{3}{2}$
$\square=1$

017

정답 8

해설 $2:0.75=\square:3$에서 $2\times3=0.75\times\square$
$6=\dfrac{75}{100}\times\square,\ 6\times\dfrac{\overset{4}{\cancel{100}}}{\cancel{75}_{3}}=\dfrac{\cancel{75}}{\cancel{100}}\times\dfrac{\cancel{100}}{\cancel{75}_{1}}\times\square$
$\overset{2}{\cancel{6}}\times\dfrac{4}{\cancel{3}_{1}}=\square,\ 8=\square$

018

정답 15골

해설 희권이가 □골을 넣었다고 하면

$$5 : 2 = \square : 6$$

$$5 \times 6 = 2 \times \square, \ 30 = 2 \times \square$$

$$\square = 15(골)$$

019

정답 18 cm

해설 세로의 길이를 □cm라 하면

$$2 : 3 = 12 : \square$$

$$2 \times \square = 3 \times 12, \ 2 \times \square = 36$$

$$\square = 18(cm)$$

020

정답 16 / 12

해설 $\left(28 \times \dfrac{4}{4+3}, \ 28 \times \dfrac{3}{4+3}\right)$

$= \left(\overset{4}{28} \times \dfrac{4}{\underset{1}{7}}, \ \overset{4}{28} \times \dfrac{3}{\underset{1}{7}}\right)$

$= (16, \ 12)$

021

정답 28 / 21

해설 $\left(49 \times \dfrac{4}{4+3}, \ 49 \times \dfrac{3}{4+3}\right)$

$= \left(\overset{7}{49} \times \dfrac{4}{\underset{1}{7}}, \ \overset{7}{49} \times \dfrac{3}{\underset{1}{7}}\right)$

$= (28, \ 21)$

022

정답 36 / 27

해설 $\left(63 \times \dfrac{4}{4+3}, \ 63 \times \dfrac{3}{4+3}\right)$

$= \left(\overset{9}{63} \times \dfrac{4}{\underset{1}{7}}, \ \overset{9}{63} \times \dfrac{3}{\underset{1}{7}}\right)$

$= (36, \ 27)$

문제수준높이기 본문 p. 78

001

정답 $2 : 5$

해설 $10 : 25 = (10 \div 5) : (25 \div 5)$

$\qquad\qquad = 2 : 5$

참고 두 수의 최대공약수로 나누면 가장 간단한 자연수의 비로 나타낼 수 있습니다.

10과 25의 최대공약수는 5입니다.

002

정답 $3 : 2$

해설 $36 : 24 = (36 \div 12) : (24 \div 12)$

$\qquad\qquad = 3 : 2$

참고 36과 24의 최대공약수는 12입니다.

003

정답 $3 : 2$

해설 비의 전항과 후항에 분모 2, 3의 최소공배수 6을 곱합니다.

$\dfrac{1}{2} : \dfrac{1}{3} = \left(\dfrac{1}{\underset{1}{2}} \times \overset{3}{6}\right) : \left(\dfrac{1}{\underset{1}{3}} \times \overset{2}{6}\right)$

$\qquad\quad = 3 : 2$

004

정답 $15 : 14$

해설 비의 전항과 후항에 분모 4, 10의 최소공배수 20을 곱합니다.

$\dfrac{3}{4} : \dfrac{7}{10} = \left(\dfrac{3}{\underset{1}{4}} \times \overset{5}{20}\right) : \left(\dfrac{7}{\underset{1}{10}} \times \overset{2}{20}\right)$

$\qquad\quad = 15 : 14$

005

정답 $3 : 4$

해설 $0.6 : 0.8 = (0.6 \times 10) : (0.8 \times 10)$

$\qquad\qquad = 6 : 8$

$\qquad\qquad = (6 \div 2) : (8 \div 2)$

$\qquad\qquad = 3 : 4$

006

정답 $3 : 8$

해설 $0.75 : 2 = (0.75 \times 100) : (2 \times 100)$

$\qquad\qquad = 75 : 200$

$\qquad\qquad = (75 \div 25) : (200 \div 25)$

$\qquad\qquad = 3 : 8$

007

정답 15

해설 비례식 (외항) : (내항) = (내항) : (외항)에서

외항의 곱과 내항의 곱은 같습니다.

$3 : 5 = 9 : \square$에서

$3 \times \square = 5 \times 9$, $3 \times \square = 45$

$\square = 15$

008

정답 7

해설 $\square : 5 = 42 : 30$에서

$\square \times 30 = 5 \times 42$

$\square \times 30 = 210$

$\square = 7$

009

정답 7

해설 $35 : 50 = \square : 10$에서

$35 \times 10 = 50 \times \square$

$350 = 50 \times \square$

$\square = 7$

010

정답 12

해설 $0.2 : 0.5 = \square : 30$에서

$0.2 \times 30 = 0.5 \times \square$

$6 = 0.5 \times \square$, $6 = \dfrac{1}{2} \times \square$

$\square = 12$

011

정답 $\dfrac{3}{10}$

해설 $\dfrac{2}{5} : \square = 12 : 9$에서

$\dfrac{2}{5} \times 9 = \square \times 12$

$\dfrac{18}{5} = \square \times 12$

$\dfrac{18}{5} \times \dfrac{1}{\overset{2}{12}} = \square \times \overset{1}{12} \times \dfrac{1}{\overset{1}{12}}$

$\dfrac{3}{5 \times 2} = \square$, $\dfrac{3}{10} = \square$

012

정답 8

해설 $1\dfrac{1}{4} : 2\dfrac{1}{2} = 4 : \square$에서

$\dfrac{5}{4} : \dfrac{5}{2} = 4 : \square$이므로

$\dfrac{5}{4} \times \square = \dfrac{5}{\underset{1}{2}} \times \overset{2}{4}$, $\dfrac{5}{4} \times \square = 10$

$\dfrac{\overset{1}{5}}{4} \times \dfrac{\overset{1}{4}}{\underset{1}{5}} \times \square = \overset{2}{10} \times \dfrac{4}{\underset{1}{5}}$, $\square = 8$

013

정답 42쪽

해설 철수가 같은 빠르기로 7일 동안 읽을 수 있는 동화책의 쪽수를 $\square$라 하면

$3 : 18 = 7 : \square$

$3 \times \square = 18 \times 7$, $3 \times \square = 126$

$\square = 42$(쪽)

014

정답 45 km

해설 철수가 같은 빠르기로 1시간 40분, 즉 100분 동안 자전거를 타고 갈 수 있는 거리를 $\square$km라 하면

$20 : 9 = 100 : \square$

$20 \times \square = 9 \times 100$, $20 \times \square = 900$

$\square = 45$(km)

015

정답 8 / 12

해설 $20 \times \dfrac{2}{2+3} = \overset{4}{20} \times \dfrac{2}{\underset{1}{5}} = 8$(개)

$20 \times \dfrac{3}{2+3} = \overset{4}{20} \times \dfrac{3}{\underset{1}{5}} = 12$(개)

016

정답 21 / 15

해설 $36 \times \dfrac{7}{7+5} = \overset{3}{36} \times \dfrac{7}{\underset{1}{12}} = 21$(개)

$36 \times \dfrac{5}{7+5} = \overset{3}{36} \times \dfrac{5}{\underset{1}{12}} = 15$(개)

017

정답 24 / 32

해설 $56 \times \dfrac{3}{3+4} = \overset{8}{56} \times \dfrac{3}{\underset{1}{7}} = 24$(개)

$56 \times \dfrac{4}{3+4} = \overset{8}{56} \times \dfrac{4}{\underset{1}{7}} = 32$(개)

018

정답 10시간

해설 하루는 24시간입니다.

$$24 \times \frac{5}{7+5} = \overset{2}{24} \times \frac{5}{\underset{1}{12}} = 10(\text{시간})$$

참고 이 날의 낮의 길이는

$$24 \times \frac{7}{7+5} = \overset{2}{24} \times \frac{7}{\underset{1}{12}} = 14(\text{시간})$$

낮과 밤의 길이의 합은 14+10=24(시간)입니다.

019

정답 8 km

해설 $18 \times \frac{4}{5+4} = \overset{2}{18} \times \frac{4}{\underset{1}{9}} = 8(\text{km})$

참고 집에서 도서관까지의 거리는

$$18 \times \frac{5}{5+4} = \overset{2}{18} \times \frac{5}{\underset{1}{9}} = 10(\text{km})$$

이고 집에서 도서관까지의 거리와 도서관에서 학교까지의 거리의 합은 10+8=18(km)입니다.

응용문제도전하기　　　　　　　　　　본문 p. 79

001

정답 4 : 9

해설 한 모서리의 길이가 2 cm인 정육면체의 겉넓이는
$6 \times (2 \times 2) = 24(\text{cm}^2)$입니다.
한 모서리의 길이가 3 cm인 정육면체의 겉넓이는
$6 \times (3 \times 3) = 54(\text{cm}^2)$입니다.
$24 : 54 = (24 \div 6) : (54 \div 6) = 4 : 9$

참고 두 정육면체의 모서리의 길이의 비가 $a : b$이면 두 정육면체의 겉넓이의 비는 $(a \times a) : (b \times b)$ 입니다.
따라서 두 정육면체의 모서리의 길이의 비가 $2 : 3$이므로 두 정육면체의 겉넓이의 비는 $(2 \times 2) : (3 \times 3) = 4 : 9$입니다.

002

정답 오후 3시 18분

해설 오전 9시에서 오후 3시가 되었다면 6시간이 지난 것입니다.
6시간 동안 늘어지는 시간을 □분이라 하면
$1 : 3 = 6 : \square$
$1 \times \square = 3 \times 6$, □=18(분)
따라서 오후 3시에 이 시계가 가리키는 시각은 오후 3시 18분입니다.

참고 (3시)−(18분)＝(2시 42분)으로 착각해서는 안 됩니다. 이것은 18분 빨라진 것을 의미합니다.

003

정답 10분 30초

해설 높이가 42 cm인 빈 물통을 가득 채울 때 걸리는 시간을 □분이라 하면
$5 : 20 = \square : 42$
$5 \times 42 = 20 \times \square$, $210 = 20 \times \square$
$\square = \frac{\overset{21}{210}}{\underset{2}{20}} = 10\frac{1}{2}(\text{분})$

해설 높이가 42 cm인 빈 물통을 가득 채울 때 걸리는 시간을 □초라 하면 5분은 300초이므로
$300 : 20 = \square : 42$
$300 \times 42 = 20 \times \square$
$\square = 630(\text{초})$
이때 630초는 10분 30초입니다.

004

정답 15 cm

해설 가로의 길이를 □cm라 하면
$5 : 8 = \square : 24$
$5 \times 24 = 8 \times \square$, $120 = \square \times 8$
$\square = 15(\text{cm})$

005

정답 20 cm

해설 밑변의 길이를 □cm라 하면
$5 : 3 = \square : 12$
$5 \times 12 = 3 \times \square$, $60 = 3 \times \square$
$\square = 20(\text{cm})$

006

정답 180 cm²

해설 가로의 길이 : $27 \times \frac{4}{4+5} = \overset{3}{27} \times \frac{4}{\underset{1}{9}} = 12(\text{cm})$

세로의 길이 : $27 \times \frac{5}{4+5} = \overset{3}{27} \times \frac{5}{\underset{1}{9}} = 15(\text{cm})$

따라서 직사각형의 넓이는
$12 \times 15 = 180(\text{cm}^2)$

007

정답 320 cm^2

해설 밑변의 길이 : $36 \times \dfrac{4}{4+5} = \overset{4}{\cancel{36}} \times \dfrac{4}{\underset{1}{\cancel{9}}} = 16 \, (\text{cm})$

높이 $\quad : 36 \times \dfrac{5}{4+5} = \overset{4}{\cancel{36}} \times \dfrac{5}{\underset{1}{\cancel{9}}} = 20 \, (\text{cm})$

따라서 평행사변형의 넓이는

$16 \times 20 = 320 \, (\text{cm}^2)$

008

정답 32 cm^2

해설 두 삼각형 가와 나의 높이가 서로 같으므로 두 삼각형의 넓이의 비는 밑변의 길이의 비와 같습니다.
따라서 삼각형 나의 넓이는

$56 \times \dfrac{8}{6+8} = \overset{4}{\cancel{56}} \times \dfrac{8}{\underset{1}{\cancel{14}}} = 32 \, (\text{cm}^2)$

참고 삼각형 가의 넓이는

$56 \times \dfrac{6}{6+8} = \overset{4}{\cancel{56}} \times \dfrac{6}{\underset{1}{\cancel{14}}} = 24 \, (\text{cm}^2)$

이고 두 삼각형 가와 나의 넓이의 합은
$24 + 32 = 56 \, (\text{cm}^2)$입니다.

DAY 24   소금물의 농도

개념이해하기

본문 p. 81

001

정답 10%

해설 소금물의 양에 대한 소금의 양의 비를 백분율로 나타낸 것을 소금물의 진하기라고 합니다.
소금물의 양은 물 90 g과 소금 10 g을 더한 것이므로 $90+10=100 \, (\text{g})$입니다.
소금물의 양에 대한 소금의 양의 비는
$10 : 100$이므로 비율은 $\dfrac{10}{100}$입니다.

따라서 백분율은 $\dfrac{10}{100} \times \overset{1}{\cancel{100}} = 10\%$입니다.

002

정답 10%

해설 소금물의 양은 $130+70=200 \, (\text{g})$입니다.
소금물의 양에 대한 소금의 양의 비는
$20 : 200$이므로 비율은 $\dfrac{20}{200}$입니다.

따라서 백분율은 $\dfrac{20}{\underset{2}{\cancel{200}}} \times \overset{1}{\cancel{100}} = 10\%$입니다.

003

정답 20%

해설 소금물의 양은 $130-30=100 \, (\text{g})$입니다.
소금물의 양에 대한 소금의 양의 비는
$20 : 100$이므로 비율은 $\dfrac{20}{100}$입니다.

따라서 백분율은 $\dfrac{20}{\underset{1}{\cancel{100}}} \times \overset{1}{\cancel{100}} = 20\%$입니다.

004

정답 30 g

해설 진하기가 30%인 소금물 100 g에 들어있는 소금의 양을 $\square \text{ g}$이라 하면 $\dfrac{\square}{\underset{1}{\cancel{100}}} \times \overset{1}{\cancel{100}} = 30\%$입니다.

따라서 $\square = 30 \, (\text{g})$입니다.

005

정답 75 g

해설 진하기가 25%이고 소금이 25 g 들어있는 소금물에서 물의 양을 $\square \text{ g}$이라 하면

$$\dfrac{25}{\square+25}\times100=25(\%)\text{입니다.}$$

따라서 $\square=75(\text{g})$입니다.

006

정답 20

해설 (소금물의 농도)

$$=\dfrac{(\text{소금의 양})}{(\text{소금물의 양})}\times100$$

$$=\dfrac{20}{20+80}\times100=\dfrac{20}{\underset{1}{100}}\times\overset{1}{100}=20(\%)$$

참고 소금물 농도는 소금물 100 g에 들어있는 소금의 양과 같습니다. 소금물 100 g에 소금이 20 g 들어있으므로 소금물의 농도는 20%입니다.

007

정답 25

해설 (설탕물의 농도)

$$=\dfrac{(\text{설탕의 양})}{(\text{설탕물의 양})}\times100$$

$$=\dfrac{50}{\underset{2}{200}}\times\overset{1}{100}=25(\%)$$

참고 설탕물 200 g에 설탕이 50 g 들어있으므로 설탕물 100 g에는 설탕 25 g이 들어있습니다. 따라서 설탕물의 농도는 25%입니다.

008

정답 30

해설 (소금의 양)=(소금물의 양)$\times\dfrac{(\text{농도})}{100}$

$$=\overset{1}{100}\times\dfrac{30}{\underset{1}{100}}=30(\text{g})$$

참고 소금물의 농도가 30%라는 것은 소금물 100 g에 소금이 30 g 들어있다는 의미입니다.

009

정답 5

해설 (소금의 양)=(소금물의 양)$\times\dfrac{(\text{농도})}{100}$

$$=\overset{2}{200}\times\dfrac{10}{\underset{1}{100}}=20(\text{g})$$

이 소금물에 물 200 g을 더 넣었으므로 소금물의 양은 $200+200=400(\text{g})$입니다.

(소금물의 농도)$=\dfrac{(\text{소금의 양})}{(\text{소금물의 양})}\times100$

$$=\dfrac{20}{\underset{4}{400}}\times\overset{1}{100}=5(\%)$$

참고 소금물의 농도가 10%라는 것은 소금물 100 g에 소금이 10 g 들어있다는 의미이므로 소금물 200 g에는 10 g의 2배인 소금 20 g이 들어있습니다.

참고 농도가 10%인 소금물 200 g에 물 200 g을 더 넣었으므로 농도는 10%의 절반인 5%가 됩니다.

010

정답 10

해설 (소금의 양)=(소금물의 양)$\times\dfrac{(\text{농도})}{100}$

$$=\overset{2}{200}\times\dfrac{7}{\underset{1}{100}}=14(\text{g})$$

이 소금물에서 물 60 g을 증발시켰으므로 소금물의 양은 $200-60=140(\text{g})$입니다.

(소금물의 농도)$=\dfrac{(\text{소금의 양})}{(\text{소금물의 양})}\times100$

$$=\dfrac{14}{\underset{10}{140}}\times\overset{1}{100}=10(\%)$$

참고 소금물의 농도가 7%라는 것은 소금물 100 g에 소금이 7 g 들어있다는 의미이므로 소금물 200 g에는 7 g의 2배인 소금 14 g이 들어있습니다.

011

정답 40

해설 (소금의 양)=(소금물의 양)$\times\dfrac{(\text{농도})}{100}$

$$=\overset{1}{100}\times\dfrac{25}{\underset{1}{100}}=25(\text{g})$$

이 소금물에 소금 25 g을 더 넣었으므로 소금물의 양은 $100+25=125(\text{g})$입니다.

이 소금물에 소금 25 g을 더 넣었으므로 소금의 양은 $25+25=50(\text{g})$입니다.

(소금물의 농도)$=\dfrac{(\text{소금의 양})}{(\text{소금물의 양})}\times100$

$$=\dfrac{50}{\underset{5}{125}}\times\overset{4}{100}=40(\%)$$

참고 소금물의 농도가 25%라는 것은 소금물 100 g에 소금이 25 g 들어있다는 의미입니다.

012

정답 30

해설 농도가 10%인 소금물 50 g에 들어있는 소금의

양은

$$(\text{소금의 양})=(\text{소금물의 양})\times\frac{(\text{농도})}{100}$$
$$=\overset{1}{50}\times\frac{10}{\underset{2}{100}}=5(\text{g})$$

이 소금물에서 물 10 g을 증발시키고 소금 10 g을 더 넣었으므로 소금의 양은 5+10=15(g)이고 소금물의 양은 50 g 그대로입니다.

$$(\text{소금물의 농도})=\frac{(\text{소금의 양})}{(\text{소금물의 양})}\times100$$
$$=\frac{15}{\underset{1}{50}}\times\overset{2}{100}=30(\%)$$

013

정답 6

해설 농도가 6%인 A 소금물 100 g에 들어 있는 소금의 양은

$$(\text{소금의 양})=(\text{소금물의 양})\times\frac{(\text{농도})}{100}$$
$$=\overset{1}{100}\times\frac{6}{\underset{1}{100}}=6(\text{g})$$

014

정답 18

해설 농도가 9%인 B 소금물 200 g에 들어 있는 소금의 양은

$$(\text{소금의 양})=(\text{소금물의 양})\times\frac{(\text{농도})}{100}$$
$$=\overset{2}{200}\times\frac{9}{\underset{1}{100}}=18(\text{g})$$

015

정답 24

해설 (C 소금의 양)
= (A 소금의 양)+(B 소금의 양)
=6+18=24(g)

016

정답 8

해설 (C 소금물의 양)
= (A 소금물의 양)+(B 소금물의 양)
=100+200=300(g)

$$(\text{소금물의 농도})=\frac{(\text{소금의 양})}{(\text{소금물의 양})}\times100$$
$$=\frac{24}{\underset{3}{300}}\times\overset{1}{100}=8(\%)$$

DAY 25 평균과 가능성

개념이해하기 본문 p. 83

001

정답 4

해설 $(\text{평균})=\dfrac{(\text{모든 자료 값의 합})}{(\text{자료의 수})}$
$$=\frac{4+4}{2}=\frac{8}{2}=4$$

002

정답 5

해설 $\dfrac{2+5+8}{3}=\dfrac{15}{3}=5$

003

정답 5

해설 $\dfrac{2+4+6+8}{4}=\dfrac{20}{4}=5$

004

정답 5개

해설 $(\text{평균})=\dfrac{(\text{모든 자료 값의 합})}{(\text{자료의 수})}$
$$=\frac{4+6+3+7+5}{5}=\frac{25}{5}=5(\text{개})$$

005

정답 86점

해설 $\dfrac{82+89+83+84+92}{5}=\dfrac{430}{5}=86(\text{점})$

006

정답 18

해설 (모든 자료 값의 합)=(평균)×(자료의 수)이므로
$12+\square+16+21+18=17\times5$
$\square+67=85$
$\square=18$

007

정답 30

해설 $32+40+\square+38+40=36\times5$
$\square+150=180$
$\square=30$

008

정답 0

해설 주사위를 던져서 8의 눈이 나올 수 없으므로 그 가능성은 0이다.

009

정답 1

해설 주사위를 던지면 항상 6 이하, 즉 1, 2, 3, 4, 5, 6의 눈이 나오므로 그 가능성은 1이다.

010

정답 0.5

해설 주사위를 던지면 1, 2, 3, 4, 5, 6의 눈이 나옵니다. 2의 배수 2, 4, 6의 눈이 나올 가능성은 $\frac{3}{6}$, 즉 절반이므로 그 가능성은 0.5입니다.

011

정답 0.5

해설 홀수 1, 3, 5의 눈이 나올 가능성은 $\frac{3}{6}$, 즉 절반이므로 그 가능성은 0.5입니다.

012

정답 ○

해설 구슬 한 개를 꺼낼 때 반드시 파란색 구슬이 나오므로 가능성은 1입니다.

013

정답 ○

해설 구슬 한 개를 꺼낼 때 파란색 구슬은 꺼낼 수 없으므로 가능성은 0%입니다.

014

정답 ○

해설 $(가능성) = \frac{(특정\ 사건이\ 일어나는\ 경우의\ 수)}{(일어날\ 수\ 있는\ 모든\ 경우의\ 수)}$

$= \frac{2}{2+2} = \frac{2}{4} = 0.5$

이므로 $0.5 \times 100 = 50\%$입니다.

015

정답 ×

해설 $(가능성) = \frac{(특정\ 사건이\ 일어나는\ 경우의\ 수)}{(일어날\ 수\ 있는\ 모든\ 경우의\ 수)}$

$= \frac{1}{1+3} = \frac{1}{4}$

001

정답 3

해설 $(평균) = \frac{(모든\ 자료\ 값의\ 합)}{(자료의\ 수)}$

$= \frac{3+3+3+3}{4} = \frac{12}{4} = 3$

002

정답 5

해설 $\frac{3+4+5+6+7}{5} = \frac{25}{5} = 5$

003

정답 5.5

해설 $\frac{1+2+3+\cdots+10}{10} = \frac{55}{10} = 5.5$

004

정답 7

해설 $(모든\ 자료\ 값의\ 합) = (평균) \times (자료의\ 수)$이므로

$2+3+\square+8+10 = 6 \times 5$

$\square + 23 = 30$

$\square = 7$

005

정답 14

해설 $(모든\ 자료\ 값의\ 합) = (평균) \times (자료의\ 수)$이므로

$3+\square+7+8+\bigcirc+11+13 = 8 \times 7$

$\square + \bigcirc + 42 = 56$

$\square + \bigcirc = 14$

006

정답 5

해설 $\frac{\square+\bigcirc}{2} = 5$이므로 $\square + \bigcirc = 10$입니다.

$\frac{\square+\bigcirc+1+4+6+9}{6}$

$= \frac{10+1+4+6+9}{6}$

$= \frac{30}{6} = 5$

007

정답 $\dfrac{1}{3}$

해설 (가능성)$=\dfrac{(\text{특정 사건이 일어나는 경우의 수})}{(\text{일어날 수 있는 모든 경우의 수})}$

$=\dfrac{3}{3+2+4}=\dfrac{3}{9}=\dfrac{1}{3}$

008

정답 $\dfrac{2}{9}$

해설 $\dfrac{2}{3+2+4}=\dfrac{2}{9}$

009

정답 $\dfrac{7}{9}$

해설 $\dfrac{4+3}{3+2+4}=\dfrac{7}{9}$

010

정답 $\dfrac{1}{2}$

해설 짝수는 2, 4, 6, 8, 10으로 5개이므로

(가능성)$=\dfrac{(\text{특정 사건이 일어나는 경우의 수})}{(\text{일어날 수 있는 모든 경우의 수})}$

$=\dfrac{5}{10}=\dfrac{1}{2}$

011

정답 $\dfrac{1}{2}$

해설 홀수는 1, 3, 5, 7, 9로 5개이므로

$\dfrac{5}{10}=\dfrac{1}{2}$입니다.

012

정답 $\dfrac{7}{10}$

해설 2의 배수는 2, 4, 6, 8, 10이고 3의 배수는 3, 6, 9입니다.

2의 배수이거나 3의 배수인 경우는 2, 3, 4, 6, 8, 9, 10으로 모두 7개입니다.

따라서 구하는 가능성은 $\dfrac{7}{10}$입니다.

001

정답 16살

해설 철수, 영희, 민수 세 사람의 나이의 합은

$15 \times 3 = 45$(살)

따라서 네 사람의 나이의 평균은

$\dfrac{45+19}{4}=\dfrac{64}{4}=16$(살)

002

정답 157 cm

해설 여학생 12명의 키의 합은

$155 \times 12 = 1860$(cm)

남학생 8명의 키의 합은

$160 \times 8 = 1280$(cm)

댄스 동아리 20명 전체 학생의 평균 키는

$\dfrac{1860+1280}{20}=\dfrac{3140}{20}=157$(cm)

003

정답 47 kg

해설 남학생 10명의 몸무게의 합은

$50 \times 10 = 500$(kg)

여학생 15명의 몸무게의 합은

$45 \times 15 = 675$(kg)

철수네 반 25명의 평균 몸무게는

$\dfrac{500+675}{25}=\dfrac{1175}{25}=47$(kg)

004

정답 7개

해설 흰 공이 나올 가능성이 $\dfrac{3}{10}$이므로

$\dfrac{3}{3+\square}=\dfrac{3}{10}$

$3+\square=10$

$\square=7$(개)

005

정답 5개

해설 파란 구슬이 나올 가능성이 $\dfrac{1}{4}$이므로

$\dfrac{3}{3+4+\square}=\dfrac{1}{4}=\dfrac{3}{12}$

$3+4+\square=12$

$7+\square=12$

□＝5(개)

006

정답 $\dfrac{1}{2}$

해설 일어날 수 있는 모든 경우의 수는
(앞면, 앞면), (앞면, 뒷면)
(뒷면, 앞면), (뒷면, 뒷면)
으로 4가지입니다.
서로 같은 면이 나오는 경우는
(앞면, 앞면), (뒷면, 뒷면)
으로 2가지입니다.
따라서 동전 2개가 서로 같은 면이 나올 가능성
은 $\dfrac{2}{4}＝\dfrac{1}{2}$입니다.

007

정답 $\dfrac{1}{2}$

해설 일어날 수 있는 모든 경우의 수는 4가지이고
서로 다른 면이 나오는 경우는
(앞면, 뒷면), (뒷면, 앞면)
으로 2가지입니다.
따라서 동전 2개가 서로 다른 면이 나올 가능성
은 $\dfrac{2}{4}＝\dfrac{1}{2}$입니다.

008

정답 $\dfrac{1}{4}$

해설 하나의 주사위에서 일어날 수 있는 모든 경우의
수는 1, 2, 3, 4, 5, 6의 눈이 나오는 경우이므로
모두 6가지입니다.
따라서 2개의 주사위에서 일어날 수 있는 모든
경우의 수는 6×6＝36(가지)입니다.
나온 두 눈의 수의 곱이 홀수인 경우는
(1, 1), (1, 3), (1, 5)
(3, 1), (3, 3), (3, 5)
(5, 1), (5, 3), (5, 5)
으로 모두 6가지입니다.
따라서 나온 두 눈의 수의 곱이 홀수일 가능성은
$\dfrac{9}{36}＝\dfrac{1}{4}$입니다.

009

정답 $\dfrac{1}{6}$

해설 나온 두 눈의 수의 합이 5보다 작은 2, 3, 4인 경우는
(1, 1)
(1, 2), (2, 1)
(1, 3), (3, 1)
(2, 2)
으로 모두 6가지입니다.
따라서 나온 두 눈의 수의 합이 5보다 작을 가능성은 $\dfrac{6}{36}＝\dfrac{1}{6}$입니다.

참고 나온 두 눈의 수의 합은 2, 3, 4, 5, 6, 7, 8, 9, 10, 11, 12입니다. 즉, 1은 제외합니다.

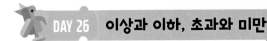

DAY 26 이상과 이하, 초과와 미만

본문 p. 87

개념이해하기

001
정답 $a \geq 2$

002
정답 $a \leq 2$

003
정답 $a > 2$

004
정답 $a < 2$

005
정답 $a \geq 2$
해설 이상은 2를 포함합니다.

006
정답 $a \leq 3$
해설 이하는 3을 포함합니다.

007
정답 $a > 4$
해설 초과는 4를 포함하지 않습니다.

008
정답 $a < 5$
해설 미만은 5를 포함하지 않습니다.

009
정답 $a \geq 3$
해설 '작지 않다'는 '크거나 같다'는 의미입니다.
a는 3보다 작지 않다.
→ a는 3보다 크거나 같다.
→ $a \geq 3$

010
정답 $4 < a \leq 7$
해설 a는 4보다 크다.
→ $a > 4$
a는 7보다 작거나 같다.
→ $a \leq 7$

011
정답 $5 \leq a \leq 8$
해설 '크지 않다'는 '작거나 같다'는 의미입니다.
a는 5보다 크거나 같고 8보다 크지 않다.
→ a는 5보다 크거나 같고 8보다 작거나 같다.
→ $5 \leq a \leq 8$

012
정답 $6 \leq a < 10$
해설 이상은 6을 포함하고 미만은 10을 포함하지 않습니다.

013
정답 10
해설 10 이상인 자연수는 10, 11, 12, …입니다.
이 중에서 가장 작은 수는 10입니다.

014
정답 11
해설 11 이하인 자연수는 11, 10, 9, …, 3, 2, 1입니다. 이 중에서 가장 큰 수는 11입니다.

015
정답 13
해설 12 초과인 자연수는 13, 14, 15, …입니다.
이 중에서 가장 작은 수는 13입니다.

016
정답 12
해설 13 미만인 자연수는 12, 11, 10, …, 3, 2, 1입니다. 이 중에서 가장 큰 수는 12입니다.

017
정답 14
해설 $\frac{5}{3} = 1\frac{2}{3}$보다 크고 5보다 크지 않은 자연수는
2, 3, 4, 5이므로 모든 자연수의 합은
$2 + 3 + 4 + 5 = 14$입니다.

018
정답 5050
해설 이하는 100을 포함합니다.
$1 + 2 + 3 + \cdots + 98 + 99 + 100$
$= (1 + 100) + (2 + 99) + (3 + 98) + \cdots + (50 + 51)$
$= 101 \times 50$
$= 5050$

MEMO